今すぐ
使える **かんたん**

JN006141

Chromebook

クロームブック 入門

改訂新版

技術評論社

Chromebookの特徴 ●●●●

ここでは、ChromebookやChrome OSの特徴、WindowsパソコンやAndroidタブレットとの違いについて解説します。

 Chromebookとは

Chromebookは、オペレーティングシステム（OS）にGoogleが提供しているChrome OSを搭載したパソコンです。Windowsパソコンと比べると起動が早く、バッテリーの駆動時間も長く、本体価格も安いのが特徴です。
Chromebookの多くはキーボードとタッチパネルが備わっており、キーボードを取り外してタブレットとして使えるモデルもあります。また、インターネットに接続して使うことが前提となっており、アプリケーションやデータはクラウド経由で利用できます。そのため、本体のストレージ容量は少なめです。周辺機器もWindowsパソコンと共通して使えるものが多く、マウスやキーボード、プリンタなども利用可能です。多くの機種がWebカメラを内蔵しているため、ビデオ会議でも利用できます。
このように、高機能ながらも手軽に使えるのがChromebookの特徴です。文部科学省の提唱する「GIGAスクール構想」では学校で児童1人1台の端末が提供されていますが、その選択肢としてもChromebookが採用されているケースが多くあります。

Chromebook Plus の登場

従来のChromebookに加えて、より高性能な機能を持つChromebook Plusも登場しています。見た目はこれまでのChromebookと変わりませんが、CPUが強化され、メモリやストレージは倍以上、画面はフルHD以上のディスプレイと大きくパワーアップしています。
Chromebook Plus独自の機能としては、ビデオ会議でカメラ画像の画質補正やリアルタイムの背景ぼかしを可能にしたり、Googleフォトでスマートフォンでおなじみの「消しゴムマジック」が利用できたりします。Adobe ExpressやAdobe Photoshop web版も利用可能なので、画像編集などのクリエイティブな用途に向いているでしょう。また、今後は生成AIに関する機能も追加される予定です。
なお、OSは同じChrome OSなので、画面の見た目は変わりません。Chromebookと同様に操作が可能です。

キーボードを搭載したChromebook

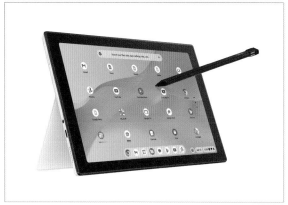
タブレットとして使えるモデルもある

Chrome OSとは

Chrome OSは、LinuxをベースとしたOSです。アプリケーションの多くはWebブラウザのGoogle Chrome上で動作し、GmailやGoogleマップ、GoogleドライブといったGoogleのWebサービスやストレージを効率よく利用することができます。

なお、WindowsやmacOSとは異なるので、当然ながらWindowsやmacOSのアプリケーションは利用できません。そのかわり、多くのChromebookではAndroidスマートフォン用アプリが利用できます。

また、Chrome OSの更新は頻繁に行われており、本書執筆時点では最新バージョンは127で、更新期間は4〜6週間ごととなっています。Chrome OSの更新は自動的に行われます。

WindowsパソコンやAndroidタブレットと何が違う?

Chromebookは、その見た目や性能からWindowsパソコンやAndroidタブレットと比較されることがあります。主な違いは次のとおりです。

Windows パソコンとの違い

Windowsパソコンは、大容量のストレージと高速なCPUで、動画の編集や高解像度の3Dゲームなどが行えますが、その分起動が遅かったり、値段も高くなったりといったデメリットがあります。そういった機能を利用しなければ、Chromebookの方が起動も早く快適に使えます。

また、Webの閲覧に関してもChrombookのGoogle Chromeはパソコン版と同等の機能を持つため、Googleのサービスもパソコン版と同様のものが利用できます。Officeのアプリケーションは使えませんが、Web版のMicrosoft 365であれば利用可能です。ただし、Chromebookのキーボードには独自のキーがあり、キーの配列がWindowsパソコン用とは異なるものもあるので、その点は注意が必要です。

Chromebookのキーボードには独自のキーがある

Android タブレットとの違い

Androidタブレットの多くはキーボードが付属していません。そのため文書の作成などに使用する場合はChromebookの方がよいでしょう。また、Webの閲覧もChromebookでは拡張機能が使えるため、Android用のGoogle Chromeよりも便利です。

なお、ChromebookではAndoridアプリが動作すると述べましたが、実際には動作しなかったり、Chromebookでは操作しづらかったりするものもあります。Androidアプリを中心に活用したい人は、Androidタブレットの方が向いているかもしれません。

Chromebookでは多くのAndroidアプリが利用可能

以上を踏まえると、文書作成やWeb閲覧、メールのやり取りが中心の場合は、Chromebookが適していると言えるでしょう。とくにふだんからGoogleのサービスを利用している場合は、持ち歩き用のパソコンやサブマシンとしての利用もおすすめです。

第4章 アプリケーションや拡張機能を活用する

第5章　生成AIを使う

第6章　Chromebookをより便利に使う

第7章　ChromebookのQ&A

Contents

第 1 章

Chromebook とは

Chromebookの各部名称や画面構成を知ろう

覚えておきたいキーワード
- デスクトップ
- ランチャー
- シェルフ

Chromebookは、オペレーティングシステム (OS) にGoogleが開発しているChrome OSを搭載したノートパソコンです。手軽で安全性が高いことで人気になってきています。まずは、各部名称と画面構成を確認しましょう。

1 Chromebookの各部名称

ここでは標準的なChromebookを例に、各部の名称をかんたんに説明します。機種によっては本体横に音量ボタンや電源ボタンがあったり、搭載されているポートが異なっていたりする場合もあります。

正面

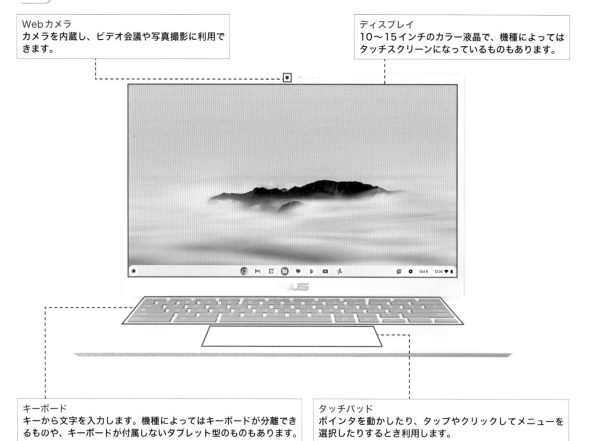

Webカメラ
カメラを内蔵し、ビデオ会議や写真撮影に利用できます。

ディスプレイ
10〜15インチのカラー液晶で、機種によってはタッチスクリーンになっているものもあります。

キーボード
キーから文字を入力します。機種によってはキーボードが分離できるものや、キーボードが付属しないタブレット型のものもあります。

タッチパッド
ポインタを動かしたり、タップやクリックしてメニューを選択したりするとき利用します。

側面

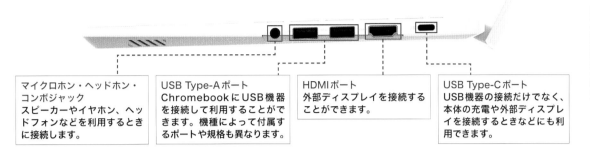

マイクロホン・ヘッドホン・コンボジャック
スピーカーやイヤホン、ヘッドフォンなどを利用するときに接続します。

USB Type-Aポート
ChromebookにUSB機器を接続して利用することができます。機種によって付属するポートや規格も異なります。

HDMIポート
外部ディスプレイを接続することができます。

USB Type-Cポート
USB機器の接続だけでなく、本体の充電や外部ディスプレイを接続するときなどにも利用できます。

Memo USBの種類

USBには、接続口の形状の違いでUSB Type-A、Type-B、Type-Cといった規格があります。また、速度の違いでUSB 2.0、USB 3.0、USB 3.2などの種類があります。最近はType-Cを搭載した周辺機器も増えているので、可能ならUSB 3.0以上のType-Cが利用できるChromebookを選択するとよいでしょう。

キーボード

キーの配置や機能は機種によって異なります。ここでは、代表的なキーを紹介します。そのほかに、最上段には画面の明るさや音量を変更するキーがあります。

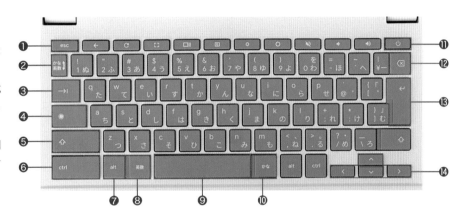

❶	Esc キー	操作の取り消しやキャンセルに使います。
❷	かな／英数 キー	かな入力モードと英字入力モードを切り替えます。
❸	Tab キー	項目の移動に使います。
❹	Everythingボタン（ Q もしくは◉）	ランチャーを表示してアプリケーションの起動や検索を行います。
❺	Shift キー	英字の大文字入力に使います。
❻	Ctrl キー	他のキーと組み合わせて使います。
❼	Alt キー	他のキーと組み合わせて使います。
❽	英数 キー	英字入力モードにします。
❾	スペース キー	空白の入力やひらがなの漢字変換に使います。
❿	かな キー	かな入力モードにします。
⓫	電源ボタン	電源をオンにします。長押しすると画面をロックします。
⓬	Back space キー	カーソルの1つ前の文字を削除します。
⓭	Enter キー	改行の入力や選択項目の決定に使います。
⓮	カーソルキー	カーソルの移動に使います。

Chromebookの画面構成

Chromebookのディスプレイに表示されている画面の各部名称や役割を覚えておきましょう。起動しているアプリケーションによって画面表示も異なりますが、基本的な構成は次のようになっています。

デスクトップ画面

デスクトップ
最初に表示されている作業領域です。デスクトップに表示されている背景画像を「壁紙」と呼びます。

ウィンドウ
アプリケーションを起動したり、設定画面を表示したりすると、デスクトップ上にあらわれるウィンドウです。

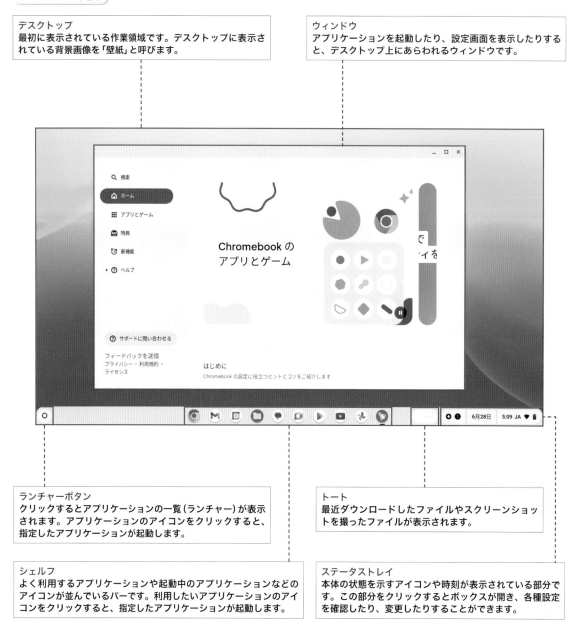

ランチャーボタン
クリックするとアプリケーションの一覧（ランチャー）が表示されます。アプリケーションのアイコンをクリックすると、指定したアプリケーションが起動します。

トート
最近ダウンロードしたファイルやスクリーンショットを撮ったファイルが表示されます。

シェルフ
よく利用するアプリケーションや起動中のアプリケーションなどのアイコンが並んでいるバーです。利用したいアプリケーションのアイコンをクリックすると、指定したアプリケーションが起動します。

ステータストレイ
本体の状態を示すアイコンや時刻が表示されている部分です。この部分をクリックするとボックスが開き、各種設定を確認したり、変更したりすることができます。

ランチャー

ランチャーボタンをクリックするとランチャーが起動し、検索バーや直前に利用したアプリケーションのアイコンなどが表示されます。ランチャー内をスクロールすると、すべてのアプリケーションを確認できます。

キーワードを入力して、「設定」画面の項目、ファイル、アプリケーションなどを検索できます。

直前に利用したアプリケーションのアイコンが表示されます。クリックするとアプリケーションが起動します。

すべてのアプリケーションのアイコンが表示されます。表示しきれない場合はスクロールすると表示されます。クリックするとアプリケーションが起動します。

クリックするとランチャーが表示されます。

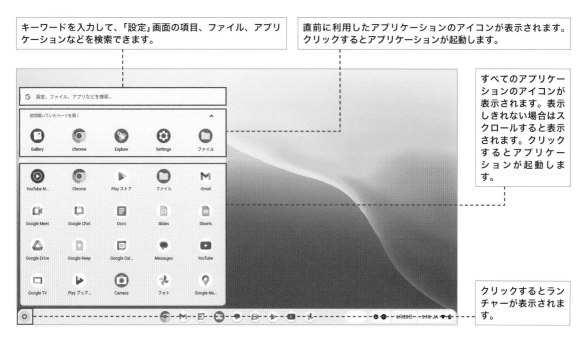

ステータストレイ

ステータストレイをクリックすると、各種設定の確認／変更が行えるボックスが表示されます。また、ボックスの上には本体からの通知履歴が表示されます。

Wi-Fi、Bluetooth、通知、キーボードなどの設定と確認が行えます。

この部分をクリックするとボックスが表示されます。

⏻をクリックすると、電源操作のメニューが表示されます。

音量や画面の明るさを変更できます。

「設定」画面を表示します。

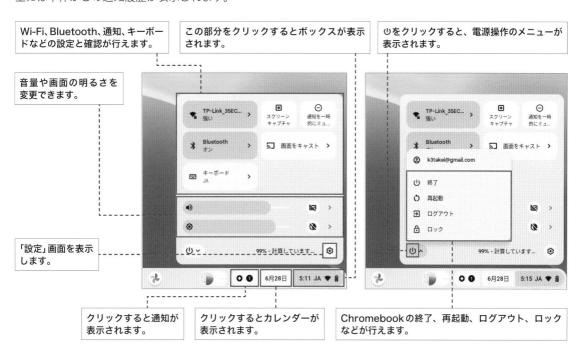

クリックすると通知が表示されます。

クリックするとカレンダーが表示されます。

Chromebookの終了、再起動、ログアウト、ロックなどが行えます。

Section
02

Chromebookを起動／
スリープ／終了しよう

覚えておきたいキーワード
起動／終了
スリープ
ロック

Chromebookを利用するには、電源ボタンを押して電源を入れます。また、スリープ状態にすることで終了せずに休止し、ディスプレイを開けるだけですばやく再開することができます。

1 Chromebookを起動する

1 Chromebookを起動する

Chromebookはディスプレイを開けるだけで起動します。起動しない場合は、キーボードや本体側面などにある電源ボタンを押します**1**。詳しくは機器のマニュアルを参照してください。

1 電源ボタンを押す

2 Chromebookにログインする

ログイン画面が表示されます。初期設定時に設定したアカウントが表示されているので、パスワードを入力して Enter キーを押します**1**。

Kazumi ˅

パスワード → **1** 入力して Enter を押す

3 デスクトップ画面が表示される

ログインされ、デスクトップ画面が表示されます。

Hint 別のアカウントでログインする

別のアカウントでログインするには、手順**2**でログインしたいアカウントをクリックし、パスワードを入力します。アカウントの追加と切り替えについては、P.197のQ.09を参照してください。

2 Chromebookをスリープする

1 スリープする／再開する

ディスプレイを閉じると**1**、スリープ状態になります。再開するには、ディスプレイを開きます。

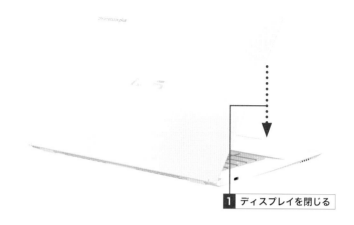

1 ディスプレイを閉じる

Key Word スリープ状態

Chromebookでは電源を完全に落とした状態（シャットダウン）と、電源は入っているものの省電力で休止している状態の2つがあります。このうち、省電力で休止している状態がスリープ状態です。また、何も操作しないまま一定時間が経った場合もスリープ状態になります。

---

3 Chromebookを終了する

1 Chromebookを終了する

ステータストレイをクリックし**1**、[電源ボタンメニュー] ⏻ をクリックして**2**、[終了]をクリックします**3**。これでChromebookが終了し、電源が切れます。

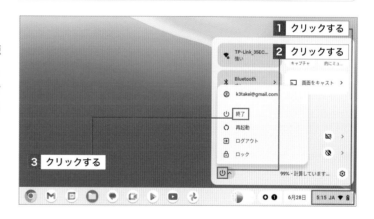

1 クリックする
2 クリックする
3 クリックする

Hint 画面をロックする

Chromebookから離れるとき、画面をロックしてログイン画面に移行することができます。セキュリティを保つためには、画面をロックしておいたほうが安全です。画面をロックするには、ステータストレイをクリックし、[電源ボタンメニュー] ⏻ をクリックして、[ロック]をクリックします。キーボードに電源ボタンがある場合は、電源ボタンを長押しすることでもロックすることができます（P.11参照）。

Section

03

第1章 ● Chromebookとは

Chromebookの
初期設定を行おう

覚えておきたいキーワード
初期設定
Googleアカウント
Wi-Fi

Chromebookを利用するためには、最初にいくつかの初期設定を行います。ログインしたりGoogleのサービスを使用したりするにはGoogleアカウントが必要で、初期設定時に作成することもできます。

1 初期設定を行う

Chromebookの初期設定は機種やChrome OSのバージョンによって、本書とは異なる場合があります。また、ネットワークに接続する必要があるので、Wi-Fiに接続できる環境で初期設定を行ってください。

1 初期設定を始める

Chromebookを初めて起動すると、「Chromebookへようこそ」と書かれた画面が表示されます。[始める]をクリックします**1**。

2 Wi-Fiに接続する

利用するWi-Fiをクリックし**1**、パスワードを入力して、[接続]をクリックします。ネットワーク接続後、アップデートと再起動が行われる場合があります。

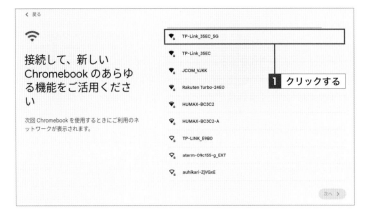

16

3 利用者を設定する

「Chromebookの設定の選択」画面が表示されたら、ここでは [個人のご利用] をクリックして**1**、[次へ] をクリックします**2**。「ChromebookでGoogleアカウントを使用する」画面が表示された場合は、[Googleアカウントとパスワードを入力する] をクリックします。

4 Googleアカウントを作成する

Chromebookへのログイン画面が表示されるので、Googleアカウントを持っていない場合は、[その他の設定] → [アカウントを作成] の順にクリックします**1**。

Section
03

Chromebookの
初期設定を行おう

第
1
章

Chromebookとは

📓 Memo Googleアカウントをすでに持っている場合

Googleアカウントをすでに持っていて、そのアカウントでログインしたい場合は、手順**4**の画面で「メールアドレスまたは電話番号」にGoogleアカウントを入力して [次へ] をクリックし、パスワードを入力して**1**、[次へ] をクリックします**2**。その後は画面の指示に従って設定を行うと、デスクトップ画面が表示されます。

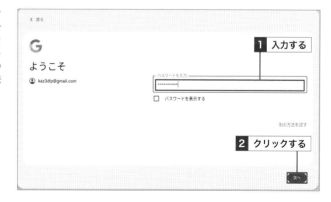

🔑 Key Word Googleアカウント

Googleアカウントを作成すると、メールサービスのGmail、オンラインストレージのGoogleドライブやGoogleドキュメント、GoogleフォトなどのGoogleが提供しているさまざまなサービスが利用できるようになります。
なお、Chromebookではデータの保存にGoogleドライブを使用するので、Googleアカウントが必須です。また、WindowsやmacOSなど他のOSのパソコンを利用するときも、Googleアカウントが共通して利用できます。

5 名前を入力する

Googleアカウントの作成画面が表示されるので、姓名を入力し**1**、[次へ]をクリックします**2**。

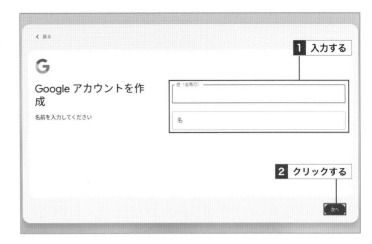

6 生年月日と性別を入力する

生年月日を入力し**1**、性別を選択して**2**、[次へ]をクリックします**3**。

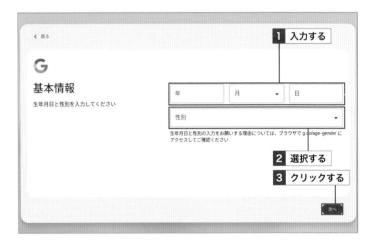

7 Gmailアドレスを選択する

Googleアカウントで利用できるGmailのメールアドレスを選択します**1**。[自分でGmailアドレスを作成]をクリックして好きなメールアドレスを作成することもできます。[次へ]をクリックします**2**。

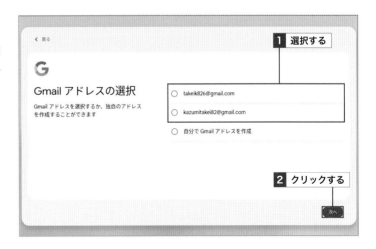

Memo 作成したGmailアドレスがアカウントになる

ここで作成したGmailアドレスが、Gmailを利用するときのメールアドレスになり、またChromebookにログインするときのアカウントにもなります。

8 パスワードを設定する

Googleアカウントのパスワードを入力
して設定し**1**、[次へ]をクリックします
2。

📖 **Memo** パスワードに使える文字

パスワードとして設定できるのは、半角ア
ルファベット、数字、記号を組み合わせた8
文字以上の文字列です。文字列の上限はあ
りません。ただし、ログインするときに入
力しやすいよう、8文字程度の長さのものの
ほうが便利です。

9 アカウントを確認する

「アカウント情報の確認」画面が表示され
たら、Googleアカウントを確認し、[次
へ]をクリックします**1**。

10 利用規約に同意する

「プライバシーと利用規約」画面が表示さ
れたら、内容を確認し、画面をスクロー
ルして**1**、[同意する]をクリックします
2。

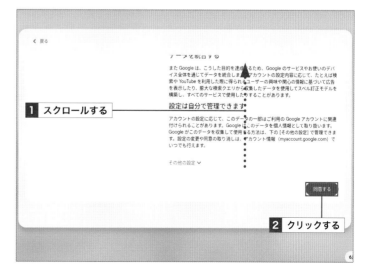

11 データの取り扱いを確認する

Chromebook Plusの場合は[Next]を何回かクリックします。データの取り扱いについての規約と設定が表示されます。機種によっては図のように英語で表示されることもありますが、あとで変更できます。設定はそのまま、▼をクリックして画面をスクロールし**1**、[Accept and continue]もしくは[同意して続行]をクリックします。

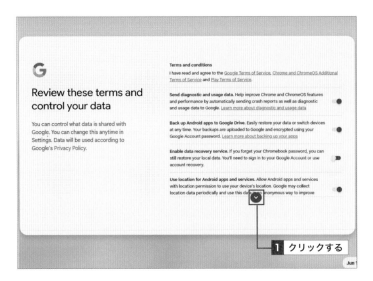

12 同期の設定を確認する

それまで利用していたChromebookがあれば、データやアプリケーション、Webブラウザのブックマークを同期することができます。ここでは、同期はしないのでチェックボックスはチェックせずに、[Accept and continue]もしくは[同意して続行]をクリックします**1**。

13 ログインパスワードを設定する

Chromebookにログインするパスワードを設定します。Googleアカウントのパスワードを設定することもできますが、ここでは新規に作成するので[Create password for this Chromebook]をクリックして**1**、[Next]もしくは[次へ]をクリックします**2**。

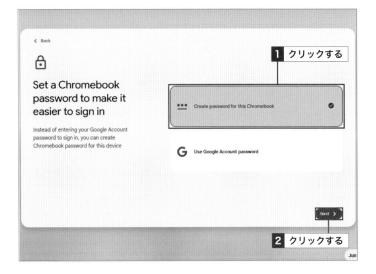

14 ログインパスワードを入力する

8文字以上のパスワードを2回入力し**1**、[Next]もしくは[次へ]をクリックします**2**。

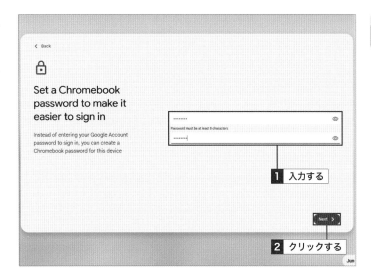

15 ログインパスワードが設定される

ログインパスワードが設定されるので、[Next]もしくは[次へ]をクリックします**1**。

16 PINを設定する

PINを設定しておくと、4桁の数字の入力だけでログインできるようになります。PINを設定していないときは、手順13で設定したパスワードでログインすることになります。ここではPINの設定をスキップするので、[Skip]もしくは[スキップ]をクリックします**1**。

17 そのほかの機能の設定を行う

そのほかの機能の設定画面が表示されます。タッチパッドのスクロール方向の設定、ディスプレイと画面表示の文字サイズの設定、ライトモードまたはダークモードの切り替えの設定が行えますが、ここでは、[Skip] もしくは [スキップ] をクリックします**1**。

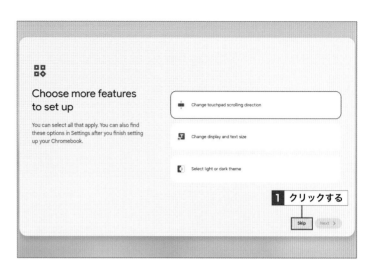

Hint 設定はあとからでも変更可能

PINの設定やそのほかの機能の設定はあとから設定することもできます。よくわからない場合はスキップして進みましょう。

18 設定が完了する

初期設定が完了すると、このような画面が表示されます。[Get started] もしくは [始める] をクリックします**1**。

19 デスクトップ画面が表示される

デスクトップ画面が表示されます。画面表示が英語の場合は、続いて日本語表示に変更します。P.26を参考に画面右下のステータストレイをクリックして、[設定] ⚙をクリックします。

20 言語設定を変更する

「設定」画面が表示されます。画面左側の [System preferences] をクリックし■、画面右側の [Languages] をクリックします■。

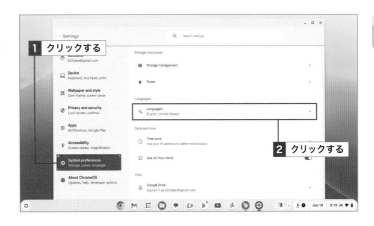

21 日本語を選択する

「Device langauge」の [Change] をクリックし■、表示された言語設定の画面から [日本語 - Japanese] をクリックして■、[Confirm and restart] をクリックします■。

22 日本語で表示される

Chromebookの再起動が行われ、P.14 を参考にログインすると画面が日本語で表示されます。設定や画面が日本語にならない場合は、何度か手順19〜21を行ってみてください。

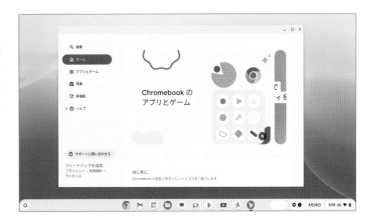

 Memo スキップした項目の設定方法

本書の手順でスキップした項目の設定方法については、以下のページで解説しています。
・PINの設定　　　　　　　　　　　　…P.178
・タッチパッドのスクロール方向の設定　…P.186
・ディスプレイの文字サイズの設定　　　…P.194
・ライトモード／ダークモードの設定　　…P.172

Chromebookの使い方を知ろう

覚えておきたいキーワード
使い方・ヒント
ヘルプ
購入特典

「使い方・ヒント」アプリには、Chromebookの機能や使い方がかんたんに記載されています。使い方のヘルプを検索したり、新機能や特典なども紹介されているので、必要な項目に目を通しておくとよいでしょう。

1 Chromebookの使い方を確認する

1 使い方やヒントをクリックする

Chromebookの初期設定が完了すると、「使い方・ヒント」アプリが表示されます。確認したい項目をクリックします**1**。

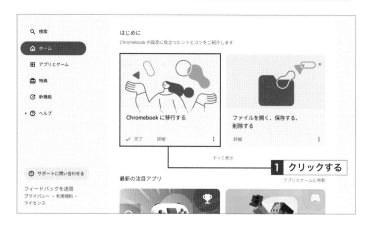

2 使い方やヒントを知る

クリックした項目の内容が表示されます。

💡 **Hint** 「使い方・ヒント」アプリが表示されていない場合

「使い方・ヒント」アプリが表示されていない場合は、P.31を参考にランチャーを表示し、[使い方・ヒント]をクリックします。

3 機能や使い方を検索する

使い方を検索したい場合は、画面左の[検索]をクリックし**1**、キーワードを入力して**2**、表示された項目をクリックします**3**。

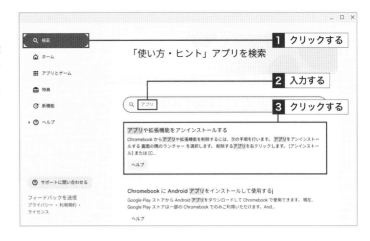

4 検索結果が表示される

クリックした項目の内容が表示されます。

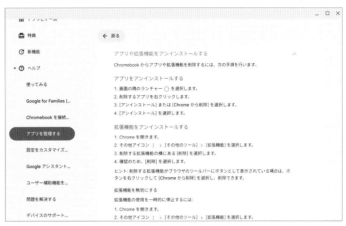

📖Memo Chromebookの購入特典でGoogle Oneの容量を増やす

利用しているChromebookによっては、Google Oneの容量を期間限定で増やせる特典があります。Google Oneとは、Googleドライブ、Gmail、Googleフォトを含めたGoogleのクラウドストレージの料金プランです。Chromebookでは、メールやファイル、写真の保存にこのストレージを使用しています。通常、Googleアカウントを作成すると、1アカウントにつき15GBの容量を無料で利用できますが、この特典を利用すれば、12か月間無料で100GBまで容量を増やすことが可能です。

そのほかにも、YouTube Premiumが3か月無料で利用できるなどの特典があるので、手順**1**の画面で[特典]をクリックして特典内容を確認しましょう。特典を利用するには、[特典を利用]をクリックします。

なお、特典には引き換え期限があったり、支払い情報の登録が必要で有効期間終了後に有料になる場合もあるので、あらかじめ条件を確認のうえ利用してください。

Section 05

Chromebookの設定画面について知ろう

覚えておきたいキーワード
「設定」画面
ステータストレイ
設定項目

Chromebookの設定の変更は「設定」画面で行えます。ここでは、Chromebookの「設定」画面を表示する方法と、どのように設定ができるのかをかんたんに説明します。

1 「設定」画面を表示する

1 ステータストレイをクリックする

ステータストレイをクリックし**1**、[設定]⚙をクリックします**2**。

> **(!) Hint** ランチャーから「設定」画面を表示する
>
> P.31を参考にランチャーを表示し、[設定]をクリックすることでも、「設定」画面を表示できます。

2 「設定」画面が表示される

「設定」画面が表示されます。左側には「ネットワーク」や「デバイス」といった設定項目の分類が表示され、クリックすると**1**、右側に設定項目が表示されます**2**。各項目をクリックすることで、設定の確認や変更が行えます。

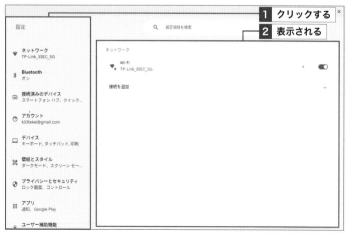

●●●● Chapter 02 ●●●●

第2章

Chromebookの
基本操作

Section 06

タッチパッドの操作を覚えよう

覚えておきたいキーワード

タップ
スワイプ
右クリック

キーボード付きのChromebookのほとんどには、タッチパッドが備わっています。ここでは、パソコンのマウス操作と対比しながら、タッチパッドの操作方法を説明します。また、タッチスクリーンでも同様の操作が行えます。

1 タッチパッドの基本操作

タッチパッドは画面に表示されているポインタを移動させたり、アイコンやメニューなどをクリックするなど、パソコンのマウスの代用になるものです。通常のChromebookのタッチパッドには、次のような機能があります。

1本の指を動かす

1本の指でタッチパッド上を上下左右に動かすと、その動きに合わせてポインタが移動します。

2本の指を動かす

スクロール可能なウインドウで2本の指をタッチパッドに置き、そのまま上下もしくは左右に動かすと、スクロールします。

1本指でクリック（またはタップ）

タッチパッドを押すことをクリック、タッチパッドを指で軽く叩く動作をタップと言います。どちらも同じ操作で、ファイルの選択やアイコン／ボタンを押す動作に使います。

1本指でダブルクリック（またはダブルタップ）

タッチパッドを2回クリックするもしくは叩く動作です。どちらも同じ操作で、ファイルを開いてアプリケーションを起動したり、フォルダを開いたりする動作に使います。

2本指でクリック（またはタップ）

パソコンのマウスの右クリックと同じ機能です。コンテクストメニュー（右クリックメニュー）の表示に使います。

ドラッグ＆ドロップ

ウィンドウやファイルなどを移動する際に使います。1本の指でクリックしたまま目的の位置まで動かすことをドラッグ、目的の位置で指を離すことをドロップと言います。

3本指で上方向にスワイプ

タッチパッドを指で払う操作をスワイプと言います。3本指で上方向にスワイプすると、開いているすべてのウィンドウを一覧表示します。

3本指で下方向にスワイプ

3本指で上方向にスワイプして表示されたウィンドウの一覧画面を閉じ、元のウィンドウを表示します。

Memo タッチスクリーンでの操作

タッチスクリーンの場合、画面に直接タッチすることで以下のような操作が行えます。

1本指でタップ	ファイルを選択したりボタンを押したりする動作に使います。
1本指でドラッグ	スクロール可能なウィンドウでスクロールします。
2本指でタップもしくは1本指で長押し	パソコンのマウスの右クリックと同じ機能です。
2本の指を広げる／つまむ	画像やWebブラウザなどの拡大／縮小を行います。
画面下から上方向にスワイプ	すべてのアプリケーション（ランチャー）を表示します。
Webブラウザ上で右方向／左方向にスワイプ	Webブラウザで前のページに戻る／次のページに進みます。

Step up タッチパッドの動作を変更する

タッチパッドの動作は、「設定」画面の［デバイス］→［タッチパッド］で行えます。タップでクリックになる機能のオン／オフや、タッチパットで指を動かしたときの速度などの設定が可能です（P.186参照）。

Section 07

アプリケーションを
起動しよう

覚えておきたいキーワード

シェルフ
ランチャー
終了

Chromebookでは、多くの作業をアプリケーションを起動して行います。
アプリケーションを起動する方法はいくつかあるので、それらの手順を覚え
ておきましょう。

1 シェルフからアプリケーションを起動する

1 シェルフのアイコンをクリックする

シェルフに表示されているアプリケー
ションのアイコン（ここではWebブラウ
ザのGoogle Chrome）をクリックしま
す **1**。

1 クリックする

2 アプリケーションが起動する

アプリケーションが起動します。ウィン
ドウ右上の[閉じる] ✕ をクリックすると
1、ウィンドウが閉じてアプリケーショ
ンが終了します。

1 クリックする

Memo Google Chromeで表示されるアプリケーション

Google Chromeは、Chromebookの標準Webブラウザです。アプリケーションによっては、Google Chrome上で表示されるも
のもあります。たとえば、ランチャーに登録されている「ドキュメント」(Docs)アプリのアイコンをクリックすると、Google Chrome
が起動してGoogleドキュメントのWebページが表示され、その状態で文書やスプレッドシートの作成や閲覧などが行えます。

2 ランチャーからアプリケーションを起動する

1 ランチャーボタンをクリックする

シェルフの左端にあるランチャーボタン
をクリックします1。

2 アプリケーションのアイコンをクリックする

ランチャーが表示されます（P.13参照）。
目的のアイコン（ここではGoogle
Chrome）をクリックします1。

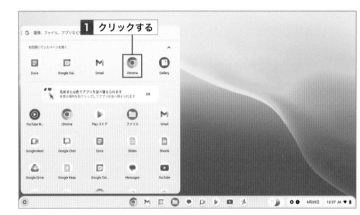

3 アプリケーションが起動する

アプリケーションが起動します。

Memo アプリケーション起動中／終了後の変化

アプリケーションを起動すると、シェルフにアプリケーションのアイコンが表示され、アイコンの下にマークが付きます。アプリケーションを終了するとマークは消え、最初からシェルフに表示されているアイコン以外はアイコン表示も消えます。

31

Section 08

ウィンドウのサイズを変更しよう

覚えておきたいキーワード

サイズの変更
最大化
最小化

ウィンドウは任意のサイズに変更したり、最大化したり、アプリケーションを終了せずに最小化したりすることができます。作業の内容によって、操作しやすいサイズのウィンドウに変更しましょう。

---

1 ウインドウのサイズを変更する／移動する

1 ウィンドウの端をドラッグする

ウィンドウの上下、左右の端にポインタを合わせると、ポインタが左右または上下の矢印の形に変わります。この状態で、ポインタをドラッグすると■、指定した場所までウィンドウの上下、左右のサイズを変更できます。

> **Hint** ウインドウの縦横を一度に変更する
>
> ウィンドウの四隅のいずれかの角にポインタを合わせると、ポインタは斜めの矢印の形に変わります。この状態でポインタをドラッグすると、ウィンドウの上下左右のサイズを一度に変更できます。

2 ウィンドウを移動する

ウィンドウ上部のタイトルバーにポインタを合わせ、この部分をドラッグすると■、目的の場所までウィンドウを移動できます。

2 ウィンドウを最大化する／最小化する

1 [最大化]をクリックする

ウィンドウ右上の[最大化]⬜をクリック
します**1**。

> **Hint** ウィンドウを分割表示する
>
> [最大化]にポインタを合わせると、ウィン
> ドウの分割表示を行うメニューが表示され
> ます。2つのウィンドウを並べて表示する
> [分割表示]と[一部を表示]、画面右下に表
> 示したままにする[フロート表示]などが選
> 択できます（P.35参照）。

2 ウィンドウが最大化する

ウィンドウが最大化してデスクトップ全
体に表示されます。[復元]🗗をクリック
すると**1**、もとのサイズに戻ります。

> **Hint** タイトルバーをダブルクリックして最大化
>
> ウィンドウのタイトルバーをダブルクリッ
> クすることでもウィンドウを最大化するこ
> とができます。再度タイトルバーをダブル
> クリックするともとのサイズに戻ります。

3 [最小化]をクリックする

ウィンドウ右上の[最小化]➖をクリック
します**1**。

4 ウィンドウが最小化する

ウィンドウが最小化されてデスクトップ
から消えます。シェルフにあるアプリ
ケーションのアイコンをクリックすると
1、もとのサイズに戻ります。

Section 09 ウィンドウの便利な操作を覚えよう

複数のアプリケーションを起動すると、デスクトップにはたくさんのウィンドウが重なって表示されます。ウィンドウをすばやくを切り替えたり、並べたりする方法を覚えておくと、効率よくChromebookが活用できます。

1 ウィンドウをすばやく切り替える

1 Alt キーを押しながら Tab キーを押す

複数のウィンドウが開いた状態でキーボードの Alt キーを押しながら Tab キーを押すと**1**、ウィンドウの切り替え画面が表示されます。

2 ウィンドウが切り替わる

切り替えたいウィンドウが選択されるまで Alt キーを押したまま Tab キーを押し、キーから手を離すと**1**、選択したウィンドウに表示が切り替わります。

Hint シェルフからウィンドウを切り替える

起動しているアプリケーションのアイコンは、シェルフ上に表示されています。切り替えたいアプリケーションのアイコンをクリックすることでも、ウィンドウを切り替えることができます。

2 | ウィンドウを2つ並べて表示する

1 | 矢印をクリックする

複数のウィンドウが開いた状態で、1つ目のウィンドウの[最大化]□にポインタを合わせ①、表示されるメニューから分割方法(ここでは[分割]の左側)をクリックします②。

2 | ウィンドウが左半分に表示される

ウィンドウが左半分に表示されます①。続いて、右半分に表示するウィンドウをクリックします②。

> 💡 Hint | ショートカットキーでの操作
>
> [Alt] キーを押しながら @ キーを押すことでウィンドウを左半分に、[Alt] キーを押しながら [キーを押すことでウィンドウを右半分に表示することができます。

3 | ウィンドウが右半分に表示される

ウィンドウが右半分に表示され①、2つのウィンドウが並んで表示されます。

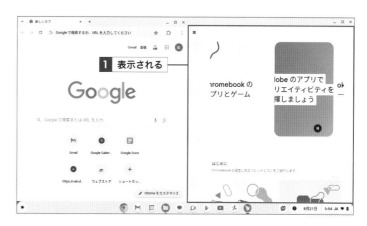

文字の入力方法を覚えよう

Section 10

覚えておきたいキーワード
入力モード
日本語入力
英数字入力

Chromebookで何らかの作業を行う場面では、文字を入力する機会も多いでしょう。Chromebookでは機種によってキーボードが異なりますが、ほぼ同様の操作で日本語を入力して漢字に変換することができます。

1 入力モードを切り替える

Chromebookには標準で「Text」という文書作成アプリケーションがインストールされています。P.37〜43では、「Text」アプリを利用して解説を行っています。また、キーボードのキー表記については機種によって異なるので、P.11を参照してください。

1 日本語入力モードにする

文字の入力モードはステータストレイに表示されています。文字が入力できる状態でキーボードの かな キーを押すと、ステータストレイに「あ」と表示され**1**、日本語入力モードになります。

1 表示される

2 英数字入力モードにする

キーボードの 英数 キーを押すと、ステータストレイに「JA」と表示され**1**、英数字入力モードになります。

1 表示される

> **Hint** ショートカットキーでの入力モードの切り替え
>
> Ctrl キーと Shift キーを押しながらスペースキーを押すことで、日本語入力モードと英数字入力モードとを交互に切り替えることができます。

2 英数字を入力する

1 英字を入力する

P.36を参考に英数字入力モードにし、文字を入力する箇所をクリックして、b o o kと入力すると１、「book」と表示されます。

2 英字の大文字を入力する

Shiftキーを押しながらb o o kと入力すると１、大文字で「BOOK」と表示されます。

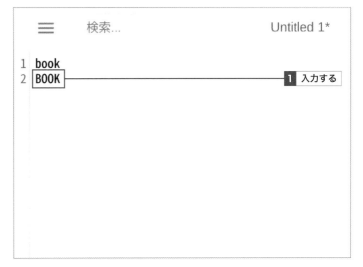

> **(!) Hint** Caps Lock
>
> Altキーを押しながらEverythingボタン（Q もしくは ◉）を押すと大文字入力モードになり、以後はキーボードから入力した文字は大文字になります。これはパソコンではCaps Lockと呼ばれる機能で、再度をAltキー押しながらEverythingボタンを押すとCaps Lockがオフになり、小文字入力モードになります。

3 数字を入力する

1 2 3 4 5と入力すると１、「12345」と表示されます。

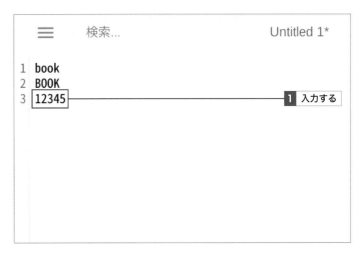

1 ひらがなを入力する

P.36を参考に日本語入力モードにし、文字を入力する箇所をクリックします。ローマ字で k a i t e n n と入力すると **1**、「かいてん」と表示されます。

2 漢字に変換する

スペースキーを押すと **1**、日本語が漢字に変換されます **2**。

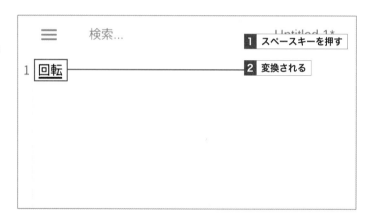

3 変換を確定する

スペースキーを押すたびに変換候補が切り替わります。目的の言葉に変換されたら Enter キーを押すことで **1**、文字が確定します。

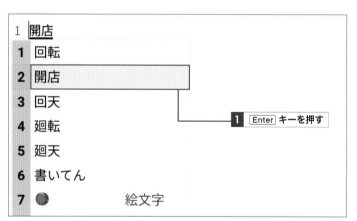

Step up カタカナや英数字に変換する

文字を入力して変換するときに、右表のショートカットキーで全角カタカナや半角カタカナ、全角英数字などに変換することができます。なお、スペースキーを押して入力した文字を変換することで、全角カタカナなどに変換されることもあります。

Ctrl キー + O キー	半角カタカナ
Ctrl キー + I キー	全角カタカナ
Ctrl キー + P キー	全角アルファベット

4 入力の設定を変更する

1 「設定」画面を表示する

P.26を参考に「設定」画面を表示し、［デバイス］→［キーボードと入力］の順にクリックして**1**、［入力設定］をクリックします**2**。

2 ［日本語］のメニューボタンをクリックする

［日本語］のメニューボタン☐をクリックします**1**。

3 「日本語入力の設定」画面が表示される

「日本語入力の設定」画面が表示されます**1**。

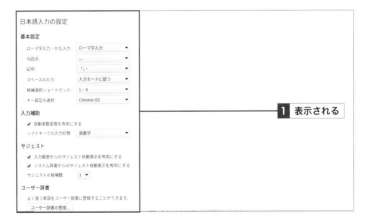

Memo 日本語入力の設定

「日本語入力の設定」画面では、ローマ字入力・かな入力の切り替え、句読点の種類、キー設定の方式などが変更できます。また、［ユーザー辞書の管理］をクリックして、ユーザー辞書に単語登録などを行っておけば、効率のよい日本語入力やかな漢字変換が可能になります（P.40参照）。

単語を辞書登録しよう

覚えておきたいキーワード

ユーザー辞書
よみ
単語

よく入力する単語はユーザー辞書に登録しておくことで、漢字変換の際に変換候補の一覧に表示させることができます。名詞や動詞などの品詞も指定できるので、効率のよい日本語入力が可能になります。

1 単語を辞書登録する

1 ユーザー辞書の画面を表示する

P.39を参考に「日本語入力の設定」画面を表示し、[ユーザー辞書の管理]をクリックします**1**。

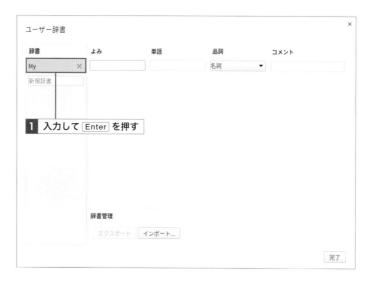

2 辞書名を入力する

「ユーザー辞書」画面が表示されるので、「辞書」の[新規辞書]に任意の辞書名を入力して[Enter]キーを押します**1**。

3 単語を登録する

単語登録ができるようになるので、登録
したい単語のよみと登録したい単語を入
力し**1**、単語の品詞を設定して**2**、[完
了]をクリックします**3**。

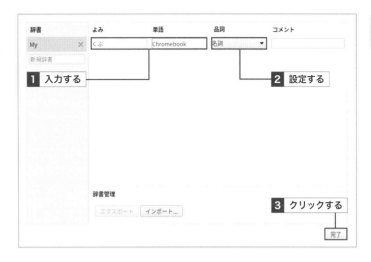

4 登録した単語を変換する

文字を入力する際、入力したよみを変換
すると、変換候補に登録した単語が表示
されます**1**。

✏️ **Memo** 登録した単語の確認・追加・削除

ユーザー辞書に登録した単語を確認するには、P.40を参考に
「ユーザー辞書」画面を表示します。
単語を追加登録したい場合は、登録済み単語の下にある空欄に手
順**3**と同様の操作で単語を登録します。
登録した単語を削除したい場合は、単語の右端の × をクリックし
ます。

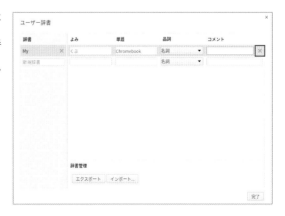

Section 12 文字をコピー&ペーストしよう

入力した文字列をコピーしたりペーストしたりといったケースはよくあります。文字列のコピー&ペーストにはいくつかの方法があるので、自分で操作しやすい方法を覚えておくと作業も効率よくなります。

1 文字をコピーする

1 文字列を範囲選択する

コピーしたい文字列の先頭の文字にポインタを合わせ、コピーしたい文字列の最後の文字までドラッグします■。

Memo キーボードによる範囲選択

コピーしたい文字列の先頭の文字をクリックし、続けて Shift キーを押しながらカーソルキー（↑↓←→など）を押してコピーしたい文字列の最後の文字までカーソルを移動することでも、文字列の範囲選択が行えます。

2 文字列をコピーする

文字列が反転表示して範囲選択されるので、2本指でタップして［コピー］をクリックします■。範囲選択した文字列が、クリップボードにコピーされます。

2 文字をペーストする

1 ペーストしたい箇所を指定する

文字列をペーストしたいアプリケーションで、ペーストしたい箇所をクリックします**1**。

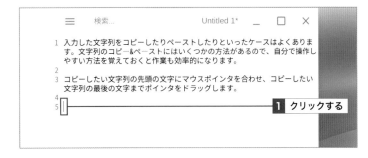

2 ペーストする

2本指でタップして［貼り付け］をクリックします**1**。

3 文字列がペーストされる

クリップボードにコピーされた文字列が表示されます**1**。

📝Memo 「コピー」と「切り取り」の違い

P.42手順**2**で［切り取り］を選択するともとの文字列が消え、ペーストすることで結果として文字列が移動します。

💡Hint 「編集」メニューによるコピー＆ペースト

アプリケーションによっては、「編集」メニューから［コピー］［切り取り］［貼り付け］を選択することもできます。

🎵Step up ショートカットキーによるコピー＆ペースト

コピー＆ペーストはキーボードのショートカットキーを使うと便利です。ショートカットキーは、右表の通りです。

文字列のコピー	Ctrl + C
文字列の貼り付け	Ctrl + V
文字列の切り取り	Ctrl + X

Section

13

ファイルを保存しよう

覚えておきたいキーワード
保存
ファイル
プレビュー

文書を作成したら、あとから利用できるようファイルに保存します。文書ファイルを保存しておくと、Chromebookの電源を切っても、次に電源を入れたときにファイルを呼び出して続きの作業が行えます。

1 ファイルを保存する

1 [名前を付けて保存]をクリックする

「Text」アプリで文字を入力して文書を作成し、[名前を付けて保存]をクリックします**1**。

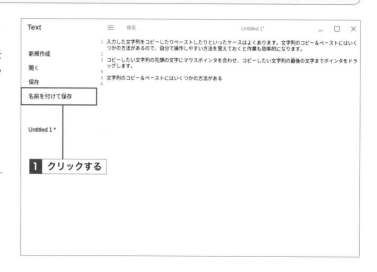

1 クリックする

📝 **Memo メニューの表示**

[名前を付けて保存]が表示されていない場合は、≡をクリックしてメニューを表示します。

2 ファイルを保存する

保存するフォルダをクリックし**1**、ファイル名を入力して**2**、[保存]をクリックします**3**。

1 クリックする

2 入力する

3 クリックする

📝 **Memo ファイルの保存先**

ファイルの保存先には、ここではGoogleドライブの「マイドライブ」を指定しています。「マイドライブ」については、P.47を参照してください。

2 保存したファイルを開く

1 ファイルをダブルクリックする

P.31を参考にランチャーから「ファイル」アプリを起動すると、ファイルの一覧が表示されます。P.44で保存したファイルをダブルクリックします■。

2 ファイルが開く

「Text」アプリでファイルが開きます。

Step up スペースキーを押してファイルのプレビューを確認する

P.45手順■の画面で保存してあるファイルをクリックして選択し、スペースキーを押すと、ファイルの内容が表示されます（プレビュー機能）。文書だけでなく画像やPDFファイルにも対応しているので、このプレビュー機能を利用すれば、ファイルを開かなくてもすばやく内容を確認することができます。

Section

14

**ファイルやフォルダの
しくみを知ろう**

覚えておきたいキーワード
マイファイル
Googleドライブ
Playファイル

作成したファイルやダウンロードしたファイルは、どこに保存されるので
しょうか。ここでは、「ファイル」アプリを通してChromebookのファイル
やフォルダのしくみを知っておきましょう。

1 Chromebookのファイルとフォルダ

ファイルとは、アプリケーションなどで作成したデータの塊のことです。このファイルは、記憶装置 (SSDやオン
ラインストレージなど) に保存されますが、記憶装置には小さな箱を作って、そのなかにファイルをまとめて保存
しておくこともできます。この箱をフォルダと呼びます。
Chromebookでは、「ファイル」アプリを使ってファイルやフォルダを閲覧したり、操作したりすることができま
す。「ファイル」アプリを起動すると、左側にドライブとフォルダが表示され、右側にファイルが表示されます。左
側で選択したフォルダにあるファイルやフォルダが右側に表示され、ファイルをクリックするとアプリケーション
が起動し、フォルダをダブルクリックするとその中のファイルやフォルダが表示されます。

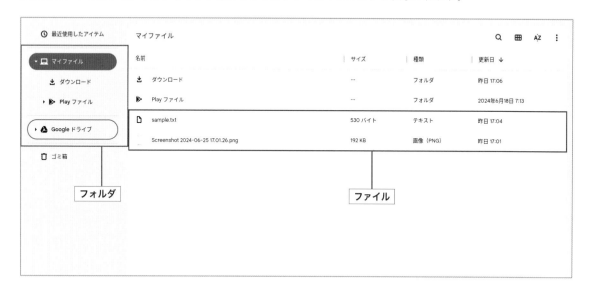

Memo フォルダとサブフォルダ

左側にフォルダやドライブが表示されていますが、そのフォルダ名の先頭の▶をクリックすると、ドライブやフォルダに収納されて
いるサブフォルダが表示されます。また、右側ウィンドウ内に表示されているフォルダをダブルクリックすると、サブフォルダやファ
イルが表示されます。

2 Chromebookのフォルダ構成

「ファイル」アプリの左側には、初期状態で「マイファイル」と「Googleドライブ」の2つのフォルダがあります。「マイファイル」はChromebook本体のことで、「Googleドライブ」はChromebookにログインしたときのGoogleアカウントに紐付けられたGoogleのオンラインストレージ（インターネット上のファイル置き場）のことです。左側の「マイファイル」や「Googleドライブ」をクリックすると、さらにフォルダが表示されるので（サブフォルダ）、それぞれのフォルダ構成を確認しておきます。

Memo 「マイファイル」と「Googleドライブ」の使い分け

Chromebookでは本体とオンラインストレージの2箇所にファイルを保存することができます。オフラインでも使うファイルは「マイファイル」に保存し、他のパソコンなどで使うファイルは「Googleドライブ」に保存するといった使い分けが可能です。なお、Chromebookの本体の記憶容量はあまり大きくないので、多くのファイルを保存していると、残りの容量が少なくなります。使用可能容量は、「ファイル」アプリで「マイファイル」をクリックし、右上の［その他のオプション］⋮をクリックすると表示されます。

マイファイルのフォルダ構成

「マイファイル」には「ダウンロード」と「Playファイル」の2つのフォルダがあります。「ダウンロード」にはWebブラウザなどでダウンロードしたファイルやスクリーンショットを撮ったときのファイルなどが保存されます。「Playファイル」は、ChromebookにインストールされたAndroidアプリ（P.95参照）が利用するフォルダで、Androidアプリが使用するデータや作成したデータを閲覧したりコピーしたりすることができます。

Step up 「Playファイル」のフォルダ構成

「Playファイル」フォルダにはさらに「Pictures」「Music」「Movies」「Documents」のフォルダが表示され、アプリケーションが使用したファイルが保存されています。実際にはそのほかにもフォルダがあり、「Playファイル」フォルダを表示した状態で［その他のオプション］⋮→［すべてのPlayフォルダを表示する］をクリックすると、すべてのフォルダが表示されます。

Google ドライブのフォルダ構成

「Googleドライブ」には、「マイドライブ」と「共有アイテム」と「オフライン」の3つのフォルダがあります。「マイドライブ」は自分のGoogleドライブ内のファイルやフォルダで、Chromebookで作成したファイルを保存することができます。「共有アイテム」には他のユーザーと共有しているファイルやフォルダがあります（P.104参照）。「オフライン」にはChromebookがインターネットに接続していなくても利用できるファイルがありますが、実際にはChromebook内に保存されています。

Section 15

ファイルを管理しよう

ファイルやフォルダがたくさんあると、どこにどのファイルがあるのか探すのに苦労します。そのようなときはファイルを並べ替えたり、キーワードで検索したりして、目的のファイルをすばやく探し出せるようにしましょう。

1 ファイルを並べ替える

1 ファイルの並べ替え方法を指定する

「ファイル」アプリで並べ替えたいファイルの一覧を表示します。[並べ替え方法]AZをクリックして**1**、並べ替えの方法(ここでは[更新日])をクリックします**2**。

2 ファイルが並べ替えられる

指定した方法(ここでは更新日順)でファイルが並べ替えられます。

Hint 項目名をクリックして並べ替える

上記の方法のほか、ファイル一覧の上部に表示されている「名前」「サイズ」「種類」「更新日」の項目名をクリックすることで、指定した項目でファイルが並べ替えられて表示されます。さらにもう一度同じ項目名をクリックすると、今度は同じ条件の逆順で表示されます。

2 ファイルを検索する

1 [検索]をクリックする

「ファイル」アプリでファイルを検索した
いフォルダをクリックし**1**、[検索]🔍を
クリックします**2**。

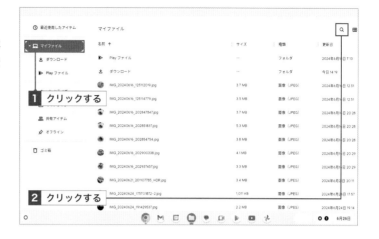

2 ファイルを検索する

検索ボックスが表示されるので、ファイ
ル名を入力すると**1**、入力した文字が含
まれるファイルが表示されます**2**。

📝 **Memo** ファイル名は正確にわからなくてもよい

ファイル名がわからなくても、ファイル名や
拡張子の一部を入力するだけで、入力した文
字が含まれているファイルやフォルダが表
示されます。

💡 **Hint** ランチャーから検索する

「ファイル」アプリを利用しなくても、P.31を参考にランチャーを開き、
検索ボックスにファイル名の一部を入力することでもファイルを検索
可能です**1**。この場合、フォルダを指定しなくてもChromebookや
Googleドライブ全体から検索できますが、ファイルだけでなくアプリ
や設定、Webページなども同列に検索されます。

📝 **Memo** ファイル名の変更

ファイルを検索しやすくするには、ファイルにわかりやすい名前を付けておきましょう。ファイル名を変更するには、ファイルを2
本指でタップして表示されるメニューで[名前を変更]をクリックします。

フォルダを作って ファイルを整理しよう

覚えておきたいキーワード

新しいフォルダ
切り取り
貼り付け

ファイルを効率よく保存・整理するためには、フォルダでファイルを分類しておくと便利です。ここではフォルダの作り方、ファイルのコピーや移動、フォルダを削除する方法を解説します。

1 フォルダを作成する

1 フォルダを作成する

「ファイル」アプリでフォルダを作成したい場所を表示し、[その他のオプション] ⋮ →[新しいフォルダ]の順にクリックします**1**。

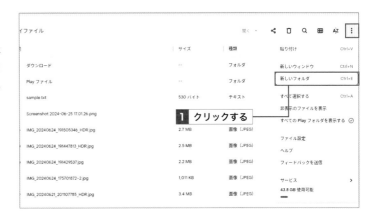

2 フォルダの名前を入力する

「新しいフォルダ」という名前のフォルダが作成されるので、フォルダ名を入力して Enter キーを押します**1**。

Hint そのほかのフォルダ作成方法

フォルダを作成したい場所で2本指でタップし、表示されるメニューで[新しいフォルダ]をクリックすることでもフォルダを作成できます。また、キーボードの Ctrl キーを押しながら E キーを押すことでもフォルダの作成が可能です。

2 フォルダにファイルを移動する

1 [切り取り]をクリックする

移動したいファイルを2本指でタップし
1、表示されるメニューで[切り取り]を
クリックします**2**。

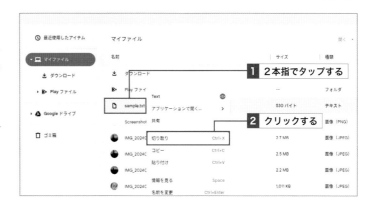

Hint ファイルのコピー

ファイルをコピーしたい場合は、[コピー]
をクリックします。

2 [貼り付け]をクリックする

移動先のフォルダをクリックして表示し
1、何もない箇所を2本指でタップして、
表示されるメニューで[貼り付け]をク
リックします**2**。

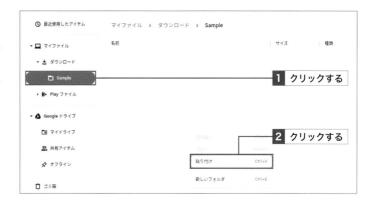

3 ファイルが移動する

ファイルが移動します**1**。

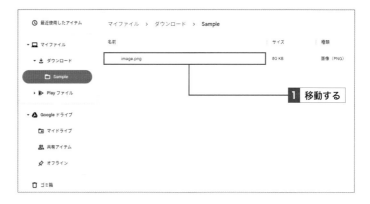

Step up ウィンドウを2つ表示してドラッグ＆ドロップ

「ファイル」アプリを表示した状態で、[その他のオプション] ⋮ →[新し
いウィンドウ]の順にクリックすると、もう1つの「ファイル」アプリの
ウィンドウが表示されます。1つのウィンドウには移動したいファイル
を、もう1つのウィンドウには移動先フォルダを表示し、ファイルをド
ラッグ＆ドロップすることで、もとのフォルダから指定したフォルダに
ファイルを移動することができます。このとき、[Ctrl]キーを押しなが
らドラッグ＆ドロップすることでファイルのコピーが行えます。

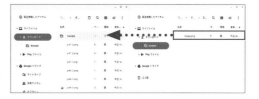

ファイルを 圧縮／展開しよう

覚えておきたいキーワード

| 圧縮 |
| 展開 |
| ZIPファイル |

複数のファイルをメールに添付して送りたいときは、ファイルを圧縮して1つのファイルにまとめるとよいでしょう。ここでは、ファイルの圧縮／展開の方法を解説します。

---

1 ファイルを圧縮する

1 ファイルを圧縮する

「ファイル」アプリで圧縮したいファイルをクリックして選択し **1**、[その他のオプション] ⋮ をクリックして **2**、表示されるメニューから [zip圧縮] をクリックします **3**。

> **(!) Hint** 複数ファイルの選択
>
> 複数のファイルを選択するときは、1つ目のファイルをクリックし、Ctrl キーを押しながら2つ目以降のファイルをクリックします。並んで表示されているファイルは、先頭のファイルをクリックし、Shift キーを押しながら最後のファイルをクリックすれば連続したファイルが選択できます。

2 ファイルが圧縮される

ファイルが圧縮され、Archive.zipという名前のファイルが作成されます **1**。

2 ファイルを展開する

1 ファイルを展開する

「ファイル」アプリで展開したい圧縮ファイルを2本指でタップし**1**、[すべて解凍]をクリックします**2**。

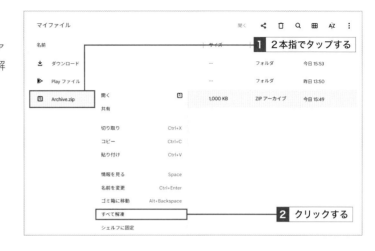

2 ファイルが展開される

ファイル名と同じ名前のフォルダが作成され、その中に圧縮されたファイルが展開(解凍)されます**1**。必要に応じてファイルやフォルダを別の場所に移動します。

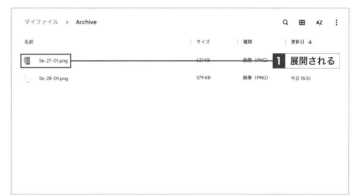

Memo ファイルを展開せずに圧縮ファイルの中を見る

ファイルを展開しなくても、ファイルをダブルクリックすることで圧縮ファイルの中身を表示することができます**1**。その状態から、通常のファイル操作と同様にファイルを開いたり、コピーしたりすることも可能です。
操作が終わったら、画面左に表示されている圧縮ファイルの⏏をクリックしてください**2**。

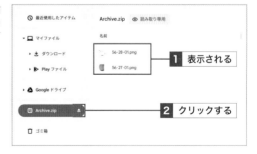

Memo ZIPファイル

圧縮されたファイルはZIPファイルと呼ばれます。2つ以上のファイルを圧縮した場合はArchive.zipという名前のファイルが作成されるので、ファイル名を変更するには、2本指でタップして表示されるメニューから[名前を変更]をクリックして名前を変更します。なお、ファイル名末尾の「.zip」の部分(これを拡張子といいます)は変更してはいけません。

Section

18

USBメモリに
ファイルをコピーしよう

覚えておきたいキーワード

USBメモリ
取り外し
フォーマット

内蔵ストレージの容量が少ないChromebookでは、外付けのUSBメモリの利用も効果的です。USBメモリだけでなく、外付けのHDDやSDカードでも同様の操作でファイルのコピーが行えます。

1 USBメモリにファイルをコピーする

1 USBメモリを接続する

USBメモリをUSBポートに接続すると、「ファイル」アプリの左側ウィンドウに接続したUSBメモリが表示されます**1**。

Memo SDカードの場合

SDカードスロットがある機種の場合、SDカードを挿入すると「ファイル」アプリにSDカードが表示されます。

2 [コピー]をクリックする

USBメモリにコピーしたいファイルをクリックして選択し**1**、2本指でタップして[コピー]をクリックします**2**。

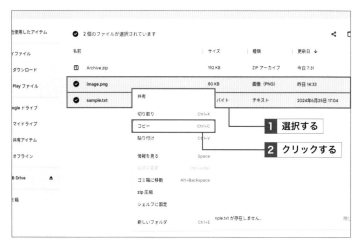

3 [貼り付け]をクリックする

左側に表示されたUSBメモリをクリッ
クし**1**、何もない箇所を2本指でタップ
して、表示されるメニューで[貼り付け]
をクリックします**2**。

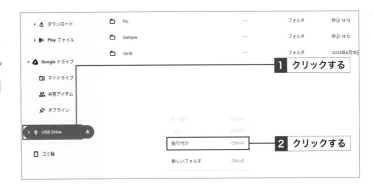

4 USBメモリにファイルがコピーされる

USBメモリにファイルがコピーされま
す**1**。

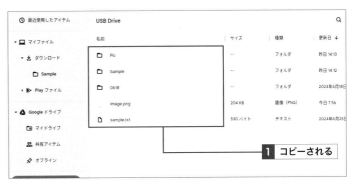

> ⓘ **Hint** ドラッグ＆ドロップでコピー
>
> P.51 StepUpのように、ドラッグ＆ドロッ
> プでUSBメモリにファイルをコピーするこ
> ともできます。

5 USBメモリを取り外す

USBメモリを取り外すには、画面左に表
示されているUSBメモリの⏏をクリッ
クします**1**。表示が消えたらUSBメモリ
を取り外します。

> 📝 **Memo** USBメモリの取り外し
>
> 接続しているUSBメモリをChromebookから取り外すときは、手順 **5** の操作を行うか、USBメモリを2本指でタップして表示され
> るメニューから[デバイスの取り出し]を指定します。いきなり取り外すと、USBメモリのデータが壊れてしまう危険性があります。

> **Step up** USBメモリのフォーマット
>
> USBメモリを接続したのに「ファイル」アプリで利用できない場合は、
> USBメモリがフォーマットされていないケースが考えられます。また、
> 別のOSの機器などで利用していた場合はフォーマット形式が異なっ
> ており、Chromebookで利用できないこともあります。その場合は、
> 表示されているUSBメモリを2本指でタップし、表示されるメニュー
> から[デバイスをフォーマット]をクリックしてフォーマットするとよ
> いでしょう。なお、USBメモリ内のデータはすべて消去されます。

Section

19

ファイルを削除しよう

覚えておきたいキーワード
削除
複数ファイルの選択
ゴミ箱

不要なファイルはこまめに削除しておきましょう。とくに本体に保存したファイルが増えてくると空き容量が少なくなり、ファイルを新規作成、あるいはダウンロードするときにトラブルとなることもあります。

---

1 ファイルを削除する

1 [削除]をクリックする

「ファイル」アプリで不要なファイルを選択し**1**、[ゴミ箱に移動] 🗑 をクリックすると**2**、ファイルが削除されます。

> **Hint** 複数ファイルの選択
>
> Ctrl キーを押しながらファイルをクリックしていくことで、複数のファイルを選択できます。また、Shift キーを押しながら最初と最後のファイルをクリックすることで連続したファイルを選択可能です。

2 削除したファイルを元に戻す

削除したファイルやフォルダはゴミ箱に移動しています。画面左の[ゴミ箱]をクリックすると**1**、ゴミ箱内に移動したファイルやフォルダが表示されます。元に戻したいファイルやフォルダを2本指でタップし、[ゴミ箱から復元]をクリックすると**2**、ファイルやフォルダが元の場所に戻ります。

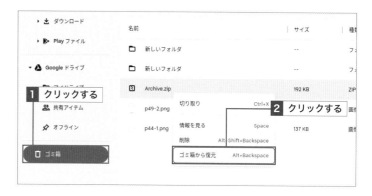

> **Memo** ゴミ箱を空にする
>
> ファイルやフォルダを削除した場合、削除されたファイルやフォルダはゴミ箱に移動しており、必要なら後から復元することができます。ただし、ゴミ箱に移動後30日を経過すると完全に削除されてしまいます。また、ゴミ箱内のファイルやフォルダをすぐに完全に削除したいときは、[ゴミ箱]を2本指でタップし、[ゴミ箱を今すぐ空にする]をクリックします。

●●●● Chapter 03 ●●●●

第 **3** 章

インターネットや
メールを利用する

Section 20

Webページを
表示しよう

Google Chrome
Webページ
ページの移動

Google ChromeはGoogleが開発したWebブラウザです。Webブラウザはインターネットのページを閲覧するアプリで、Chromebookでは Google Chromeを利用してWebページを表示することができます。

1 Webページを表示する

1 [Chrome]アイコンをクリックする

シェルフの[Chrome]アイコンをクリックします**1**。

1 クリックする

2 Google Chromeが起動する

WebブラウザのGoogle Chrome起動し、Googleのトップページが表示されます。アドレスバーにURLを入力して[Enter]キーを押します**1**。

1 入力して [Enter] を押す

3 Webページが表示される

Webページが表示されます。リンクをクリックします**1**。

4 リンク先のページが表示される

リンク先のWebページが表示されます。[←]をクリックします**1**。

5 前のページに戻る

前のページに戻ります。[→]をクリックすると**1**、次のページ（手順**4**のページ）に進みます。

(?) **Hint** スワイプ操作でページの移動

タッチパッドを2本指で左右にスワイプすると、前のページや次のページに移動することができます。前のページに戻りたいときは左方向にスワイプし、次のページに進みたいときは右方向にスワイプします。

Section 21

Webページを検索しよう

URLがわからないサイトはGoogle検索で検索し、表示された項目のなかから閲覧したいWebページに移動します。Google Chromeではこの検索操作を利用する機会も多いので、効率的な検索方法も覚えておきましょう。

1 Webページを検索する

1 キーワードを入力する

WebブラウザのGoogle Chromeで、アドレスバーに検索したいキーワードを入力して Enter キーを押します**1**。

1 入力して Enter を押す

> **Hint** 検索結果の精度を高める
>
> 入力するキーワードは、複数指定することで、より精度の高い検索結果が得られる可能性があります。その際、キーワードとキーワードの間にはスペースを入れてください。

2 検索結果が表示される

検索結果が表示されます。見たいWebページのリンクをクリックします**1**。

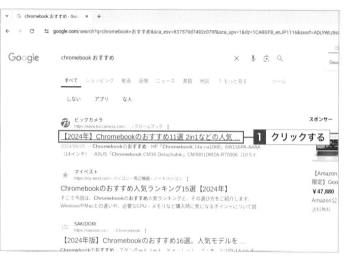

1 クリックする

> **Step up** ランチャーから検索する
>
> P.31を参考にランチャーを表示し、入力フィールドにキーワードを入力して Enter キーを押すと、Google Chromeが起動してGoogleの検索結果のページが表示されます。

3 Webページが表示される

Webページが表示されます。P.59を参考に前のページに戻ると、検索結果の画面に戻ることができます。

Step up 検索結果を翻訳する

表示したWebページが英語のページなど外国語で表示されている場合、Webページの何もない箇所を2本指でタップして、表示されるメニューで[日本語に翻訳]をクリックすると、日本語に翻訳されて表示されます。

---

2 Webページ内のキーワードを検索する

1 ページ内を検索する

ウィンドウ右上の[Google Chromeの設定]⋮をクリックし**1**、[検索と編集]→[検索]の順にクリックします**2**。

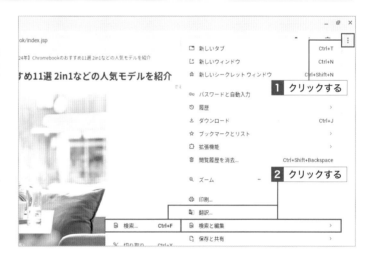

Hint ショートカットキーでの検索

Webページ内の検索は、Ctrl キーを押しながら F キーを押すことでも行えます。

2 キーワードを入力する

検索ボックスに検索したいキーワードを入力して Enter キーを押すと**1**、一致するキーワードがハイライト表示されます**2**。

Hint 次の検索結果に移動

検索したキーワードがページ内にあれば、その数が右に表示されます。その右にある∧∨をクリックするとキーワードが表示されている次または前の箇所に移動します。

Webページをタブで切り替えよう

覚えておきたいキーワード
タブ
新しいタブで開く
閉じたタブを開く

Google Chromeでは、それぞれのWebページをタブごとに表示させることができます。複数のサイトを同時に見たい場合、すばやくタブを切り替えてWebページを確認できるようになります。

1 タブでWebページを開く

1 新しいタブを開く

WebブラウザのGoogle Chromeで、見たいWebページのリンクを2本指でタップし■、表示されるメニューから[新しいタブで開く]をクリックします■。

2 タブが表示される

リンク先のWebページが新しいタブで表示されます■。

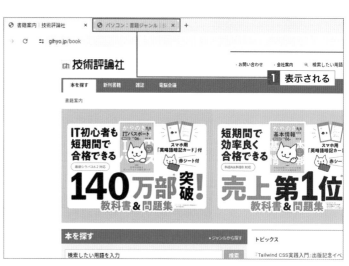

> **Hint** タブのプレビュー画面を表示する
>
> 開いたタブを表示する前にタブにポインタを合わせると、タブの下にWebページのプレビュー画面が表示されます。たくさんのタブを開いている際、このプレビューを見ることで、見たいタブを切り替えるときの参考になります。

3 タブを切り替える

タブをクリックすると**1**、そのタブに表示が切り替わります。

📖 **Memo** タブの開きすぎに注意

Google Chromeでは、タブをいくつでも開くことができますが、あまりたくさんタブを開くとその分メモリを消費してしまいます。Chromebookの動作が遅くなることもあるので注意してください。

2 タブを閉じる

1 [閉じる]をクリックする

閉じたいタブの[閉じる]×をクリックします**1**。

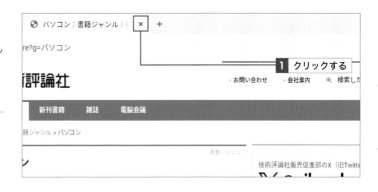

💡 **Hint** ショートカットキーでの操作

Ctrl キーを押しながら W キーを押すことでも、タブを閉じることができます。

2 タブが閉じる

タブが閉じます。

Step up 閉じたタブを開く

一度閉じたタブを再度閲覧したい場合は、タブの何もない箇所を2本指でタップし、表示されるメニューで[閉じたタブを開く]をクリックします。同じ操作を繰り返すことで、2つ前に閉じたタブ、3つ前に閉じたタブを開くことができます。

Section 23

ブックマークを登録・整理しよう

覚えておきたいキーワード
ブックマーク
ブックマークバー
ブックマークマネージャ

毎日訪れるWebページや後でじっくり読みたいWebページは、ブックマークに登録しておくと便利です。ブックマークをたくさん登録してしまうと、あとから探すのが大変になるので、こまめに整理しておきましょう。

1 ブックマークに登録する

1 ブックマークに登録する

WebブラウザのGoogle Chromeでブックマークに登録したいWebページを表示し、アドレスバーの右端にある[☆]をクリックします**1**。図のようなダイアログボックスが表示されている場合は[編集]をクリックします**2**。

2 [完了]をクリックする

図のようなダイアログボックスが表示されるので、必要に応じてブックマークの名前や登録先のフォルダを変更して**1**、[完了]をクリックします**2**。

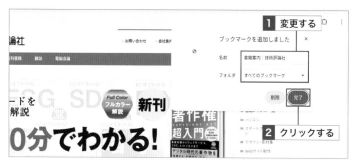

Memo ブックマークの登録先フォルダ

ブックマークの登録先には、「ブックマークバー」、「すべてのブックマーク」、「別のフォルダを選択」の3種類があります。
「ブックマークバー」はアドレスバーのすぐ下に表示されている部分で、ここからブックマークをクリックすることですばやくWebページを表示できます。
「すべてのブックマーク」は、ブックマークバーに「すべてのブックマーク」というフォルダを作成し、このフォルダ内に登録されます。登録したブックマークはメニュー形式で選択できます。
「別のフォルダを選択」を指定すると、新しくフォルダを作成したり、すでに作成しているフォルダを指定したりしてブックマークを登録できます。

> **(!) Hint** 「ブックマークバー」や「すべてのブックマーク」が表示されていない場合
>
> 「ブックマークバー」や「すべてのブックマーク」が表示されていない場合は、[Google Chromeの設定]⋮→[ブックマークとリスト]→[ブックマークバーを表示](もしくは[すべてのブックマークを表示])の順にクリックします。

2 ブックマークを開く

1 ブックマークを開く

[すべてのブックマーク]をクリックし**1**、表示したいサイトのブックマークをクリックします**2**。

> **✎Memo** ブックマークバーの場合
>
> ブックマークバーに登録したブックマークは、アドレスバーの下に並んで表示されています。これをクリックすることで、Webページが表示されます。

2 Webページが表示される

クリックしたブックマークのWebページが表示されます。

> **✎Memo** ブックマークの整理
>
> ブックマークを整理したり、削除したいときは、[Google Chromeの設定]⋮→[ブックマークとリスト]→[ブックマークマネージャ]の順にクリックして「ブックマークマネージャ」を表示します。
> 「ブックマークマネージャ」では、左側のブックマークが登録されているフォルダ、右側にそのフォルダ内のブックマークが一覧表示されます。ドラッグ＆ドロップで別のフォルダに移動したり、右端の[その他の操作]⋮→[削除]で削除したりすることができます。

Section

24

ファイルを
ダウンロードしよう

覚えておきたいキーワード

ダウンロード
トート
保存先の変更

リンク先がファイルの場合、ファイルをダウンロードすることができます。また、表示されている画像を保存することもできます。ダウンロードしたファイルは本体に保存されますが、Googleドライブに保存することも可能です。

1 ファイルをダウンロードする

1 リンクをクリックする

表示されているファイルのリンクをクリックします**1**。

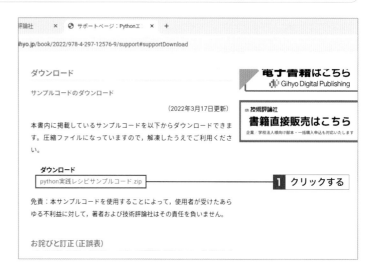

2 ファイルがダウンロードされる

ファイルがダウンロードされ、完了すると「ダウンロード完了」の通知が表示されます。[フォルダを開く]をクリックします**1**。

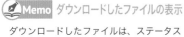 ダウンロードしたファイルの表示

ダウンロードしたファイルは、ステータストレイ左のトートに表示されます（P.12参照）。

3 ダウンロードしたファイルを確認する

ダウンロードしたファイルが「ファイル」アプリで表示されます。

Memo ファイルの保存先

ダウンロードしたファイルは「マイファイル」の「ダウンロード」に保存されます（P.47参照）。

2 画像をダウンロードする

1 [名前を付けて画像を保存]をクリックする

表示されている画像を2本指でタップし**1**、[名前を付けて画像を保存]をクリックします**2**。

2 画像を保存する

保存先とファイル名を指定して**1**、[保存]をクリックします**2**。

Hint ダウンロードしたファイルをGoogleドライブに保存する

P.67手順**2**の画面で[Googleドライブ]を指定することで、Googleドライブに画像を保存することもできます。
また、[Google Chromeの設定]：→[設定]→[ダウンロード]の順にクリックして、「保存先」の[変更]をクリックするとデフォルトの保存先の変更ができます。このときにGoogleドライブのフォルダを指定することも可能です。

Section 25

履歴を残さずに Webページを見よう

覚えておきたいキーワード
履歴
シークレットウィンドウ
履歴の確認

Google Chromeでは、いつ、どのWebページを閲覧したのかといった履歴が記録されます。個人情報を入力したり、仕事に関係ないページの閲覧履歴を残したくない場合は、シークレットウィンドウを利用してみましょう。

1 シークレットウィンドウを開く

1 シークレットウィンドウを開く

WebブラウザのGoogle Chromeで
[Google Chromeの設定] ⋮ →[新しいシークレットウィンドウ]の順にクリックします**1**。

2 シークレットウィンドウが表示される

「シークレットモードです」と書かれたウィンドウが表示されます。このウィンドウで表示したWebページは履歴に残りません。

Memo シークレットモードとは

シークレットモードは、アクセスしたサイトの履歴を保存しないようにする機能です。シークレットモードで隠される情報は、アクセス先のWebサイト、ログインしたサイトなどの閲覧情報と、Cookieとサイトデータ、フォームに入力した情報などです。Cookieというのは、ユーザーがサイトを訪れた日時や訪問回数など、さまざまな情報が記載された小さなファイルですが、このCookieも保存されません。

2 シークレットモードを終了する

1 シークレットウィンドウを閉じる

シークレットモードのウィンドウの右上
の[閉じる]☒をクリックすると**1**、シー
クレットモードのウィンドウが閉じて終
了します。

1 クリックする

Memo シークレットモードでの動作

シークレットモードで閲覧しているとき、Chromeの新しいウィンドウを開くと、こちらもシークレットモードになっています。シー
クレットモードを終了するには、すべてのシークレットモードのウィンドウを閉じる必要があります。なお、シークレットモードの
ウィンドウは、タイトルバーとアドレスバー、それにブックマークバーなどの背景が黒くなっている画面です。通常モードのウィン
ドウは、これらの背景は白くなっています。

3 履歴を確認する

1 履歴を表示する

シークレットモードでWebページを開
いた後、通常のウィンドウで[Google
Chromeの設定]⋮→[履歴]→[履歴]の
順にクリックします**1**。

1 クリックする

Hint 他の機器で開いたタブを開く

手順**1**の画面では、[履歴]の下に「最近使っ
たタブ」のほか、同じGoogleアカウントで
サインインしている別のパソコンやスマー
トフォンのGoogle Chromeで開いている
タブが表示されます。クリックすることで、
そのWebページが表示されます。

2 履歴を確認する

閲覧したWebページの履歴が表示され
ます。シークレットモードで表示した
Webページは履歴が記録されていない
ことがわかります。

Hint 履歴からWebページを開く

履歴の一覧から見たいWebページをクリックすると、そのWebページ
が表示されます。また、画面左の[閲覧履歴データの削除]をクリック
すると、履歴を削除することができます。

Section

26

Gmail
Googleアカウント
画面構成

Gmailの画面構成を知ろう

Chromebookの初期設定時に作成したGoogleアカウントは、GoogleのメールサービスであるGmailのメールアドレスになっています。Chromebookでメールを利用するには、このGmailを使います。

1 Gmailを使う

ChromebookでGmailを使う場合、WebブラウザでWeb版Gmailを使う方法と、Android版の「Gmail」アプリを使う方法があります。本書では、パソコンと同様の操作で使用できるWeb版Gmailを使う方法を解説します。

1 Gmailを表示する

P.58を参考にWebブラウザのGoogle Chromeを起動し、アドレスバーに「https://mail.google.com/」と入力して Enter キーを押します**1**。

Key Word Gmail

Gmailは、Googleが提供している無料のメールサービスです。Googleドライブと共有する15GBの領域が与えられており、迷惑メールやウイルスに強いのが特徴です。

2 Gmailの画面が表示される

初回は「Gmailを使ってみる」という説明項目が表示されるので、各項目をクリックして目を通しておきましょう。[×]をクリックすると閉じます**1**。

Memo そのほかの確認画面

初回利用時に「Gmailのデスクトップ通知を有効にしてください」と表示された場合は、[OK]をクリックするとメールが届いたときにChromebookに通知が表示されます。また、スマート機能やパーソナライズを設定する画面が表示された場合は、いずれも有効／設定する方を選択してください。画面が英語で表示される場合は、「設定」画面の[システム環境設定]→[言語]→[Googleアカウントの言語を管理する]から日本語を追加し、優先言語に設定してください。

Gmailをブックマークに登録しておく

Gmailは、標準でシェルフに登録されている機種もあります。また、P.64を参考にGmailをブックマークバーにブックマークしておけば、Google ChromeでWebページを閲覧中にすぐにGmailにアクセスしてメールの送受信が行えます。

2 Gmailの画面構成

Gmailの画面構成は、以下のとおりです。左側には「受信トレイ」や「ゴミ箱」などの各フォルダ（Gmailでは「ラベル」と呼びます）が表示され、右側には左側のメニューで選択したラベルのメールが一覧表示されています。「受信トレイ」のメールの一覧は「メイン」「プロモーション」「ソーシャル」といったタブに分かれて表示されており、広告メールやSNSからのメールを自動的に振り分けています。

Memo アカウントやパスワードを求められた場合

Gmailにアクセスしたとき、アカウントやパスワードの入力が求められることがあります。Gmailのアカウントとは、Googleのアカウントのことです。Googleアカウントとパスワードを入力すればログインできます。

Memo 「Gmail」アプリについて

機種によっては、シェルフやランチャーにある［Gmail］アイコンをクリックすると、「Gmail」アプリが表示されることがあります。Android版の「Gmail」アプリに似た操作画面ですが、ラベル作成やメールアカウントのインポートなど一部の機能が使えません。そのため、本書では操作解説は行いませんので注意してください。

Section
27
メールを
受信／閲覧しよう

覚えておきたいキーワード

受信
閲覧
未読・既読

Gmailではメールを受信するといった操作は不要です。Gmailの画面を表示すれば、自動的に受信したメールのタイトルが表示されるので、読みたいメールをクリックして内容が閲覧できます。

1 メールを受信する

1 [更新]をクリックする

Gmailでは、メールが送られてくると自動的に受信してメールの一覧に表示されます。手動で受信操作を行いたい場合は、[更新] c をクリックします**1**。

2 メールの受信操作が行われる

メール受信操作が行われ、新しく届いたメールがあればメールの一覧に表示されます**1**。

Hint 未読メールと既読メール

メールの一覧では、まだ開封していないメール（未読メール）は太字で表示され、すでに目を通したメール（既読メール）は通常の文字になっています。

2 メールを閲覧する

1 メールのタイトルをクリックする

閲覧したいメールのタイトルをクリックします**1**。

> **Memo** メールの表示順
>
> メールのタイトル一覧は、通常はメールを受信した日時の新しい順に並んでいます。新しいメールを確認したいときは、画面の上のほうに表示されているタイトルのものから閲覧していけばよいでしょう。

2 メールの本文が表示される

メールの本文が表示されます。読み終えたら、画面左上の [←] をクリックします**1**。

> **Step up** メールを翻訳する
>
> 表示したメールが英語のページなど外国語で表示されている場合、本文の上部に表示されている [日本語に翻訳] をクリックすると、日本語に翻訳されて表示されます。

3 タイトル一覧画面に戻る

メールのタイトル一覧画面に戻ります。

> **Step up** 他の Google アカウントのメールを閲覧する
>
> プライベート用と仕事用など、複数の Google アカウントを持っている場合、アカウントを切り替えてメールを確認することができます。Gmail 画面の右上のアカウントアイコンをクリックし、[別のアカウントを追加] をクリックして、画面の指示にしたがって Google アカウントを追加します。
> 一度アカウントを追加しておけば、以後はこの画面で表示されているアカウントアイコンをクリックするだけで、アカウントを切り替えて Gmail を利用できるようになります。Chromebook にログインしていないアカウントでも大丈夫です。

メールを
作成／送信しよう

メールの作成
メールの送信
HTML形式のメール

Gmailでは、メールを新たに作成して送信することができます。ここでは、新規にメールを作成して送信してみましょう。なお、標準ではHTML形式のメールが作成されますが、テキスト形式のメールにすることもできます。

1 メールを作成する

1 [作成]をクリックする

Gmail画面の左上にある[作成]をクリックします**1**。

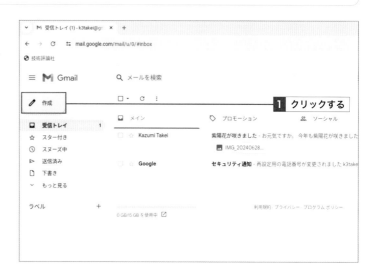

2 [全画面表示]をクリックする

「新規メッセージ」ウィンドウが開きます。他の箇所をクリックすると最小化されてしまうことがあるので、ウィンドウ右上の[全画面表示] ✎ をクリックします**1**。

Memo 新規メールの削除

間違って「新規メッセージ」ウィンドウを表示した場合や、新規メールの作成をやめたい場合は、「新規メッセージ」ウィンドウ右下の[下書きを破棄]（🗑）をクリックします。

3 ウィンドウが大きく表示される

ウィンドウが大きく表示されます。「宛先」「件名」「本文」を入力します**1**。

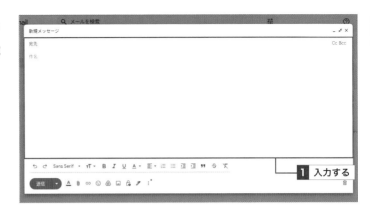

1 入力する

「新規メッセージ」ウィンドウの下のほうに、いくつものボタンが並んでいます。GmailではHTMLメールといって、文字を装飾したりセンタリングしたりと、Webページのようなメールが作成できます。テキスト形式のメールにしたい場合は、右下の［その他のオプション］⋮→［プレーンテキストモード］の順にクリックします。

---

2 メールを送信する

1 ［送信］をクリックする

メールが作成できたら、ウィンドウ左下にある［送信］をクリックします**1**。

1 クリックする

2 メールが送信される

メールが送信されます。「新規メッセージ」ウィンドウが閉じ、「メッセージを送信しました」と表示されます**1**。

1 表示される

メールが正しく送信されないときは、この画面左下にエラーメッセージが表示されます。このメッセージを確認し、宛先を変更したり、ネットワーク接続を確認するなどの対処をしてください。

Section 29

メールを検索しよう

覚えておきたいキーワード
検索
条件を付けて検索
検索オプション

Gmailでは、何千通、何万通といったメールが保存できます。きちんと整理しておかないと、このなかから必要なメールを見つけるのは大変です。そのようなときはGmailの強力な検索機能を利用してみましょう。

1 メールを検索する

1 キーワードを入力する

Gmailの検索ボックスに、検索したいメールに関するキーワードを入力し、 Enter キーを押します**1**。

> **Hint 入力するキーワード**
>
> 入力するキーワードは、メールのタイトル、送信者名、メールアドレス、内容の一部などなんでも大丈夫です。

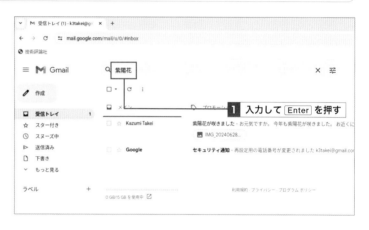

2 メールが検索される

キーワードが含まれたメールが一覧表示されます**1**。

> **Memo メールは削除しないで残しておく**
>
> Gmailは、この強力な検索機能を利用できるだけでも、大きなメリットがあります。必要なメールは検索機能でかんたんに取り出せるので、メールは削除せず極力残しておくといった使い方が便利です。本当に不要なメールや迷惑メールは削除してもかまいませんが、そのほかのメールは容量が許す限り保存しておくとよいでしょう。

2 メールを条件を付けて検索する

1 検索オプションを表示する

検索ボックスの右端にある［検索オプ
ションを表示］芼をクリックします**1**。

2 条件を指定する

検索オプションが表示されるので、条件
（下記Hint参照）を設定して**1**、［検索］を
クリックします**2**。

3 メールが検索される

条件に合ったメールが一覧表示されます
1。

📖 **Memo** 検索機能だけでなくラベル機能も活用

検索機能を利用すれば、必要なメールがすぐに取り出せますが、P.85を参考にメールの自動振り分けを設定しておけば、ラベルごと
に必要なメールがどこにあるのかわかり、検索しなくてもすぐに探し出せます。検索機能と分類機能を利用するのが、Gmailを活用
するうえでのポイントです。

⚠️ **Hint** メールの検索できる条件の一覧

手順 **2** で指定できる条件は以下の通りです。

From	メールの差出人の名前やメールアドレスの一部
To	メールの宛先
件名	メールのタイトル
含む	指定したキーワードを含む
含まない	指定したキーワードを含まない
サイズ	メールのサイズが指定した値より大きいか、小さいか
検索する前後期間	メールを受信した日付の期間
添付ファイルあり	添付ファイルあるかないか
チャットは除外する	チャットを除外するかどうか

チャットというのは、「Googleチャット」というテキストメッセージがやり取りできる機能です。送受信したメッセージはGmail上
で管理できます。

Section

30

ファイルを送受信しよう

覚えておきたいキーワード
添付ファイルの送信
添付ファイルの保存
ダウンロード

Gmailでは、ファイルを添付して送信することができます。ここでは、ファイルを添付して送付する方法と、添付されたファイルを保存する方法を解説します。写真も同様の方法で送受信／保存することができます。

1 メールにファイルを添付して送信する

1 [ファイルを添付]をクリックする

P.74を参考にGmailで「新規メッセージ」ウィンドウを表示し、ウィンドウ下部にある[ファイルを添付]📎をクリックします**1**。

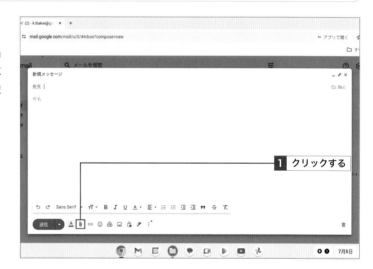

2 ファイルを添付する

ファイルの選択画面が表示されるので、送りたいファイルをクリックし**1**、[開く]をクリックします**2**。

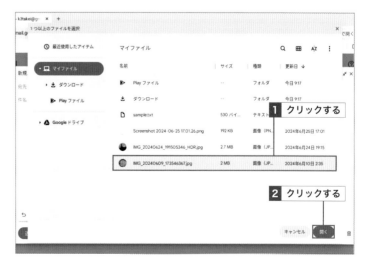

3 メールを送信する

ファイルが添付されます。宛先、件名、本文を入力して**1**、[送信]をクリックすると**2**、メールが送信されます。

2 受信メールに添付されたファイルを保存する

1 添付ファイルのサムネイルを確認する

ファイルが添付されたメールを開くと、メールの最後にファイルのサムネイルが表示されます。サムネイルにポインタを合わせます**1**。

2 添付ファイルをダウンロードする

[ダウンロード] 🡇 と、[ドライブに追加] ☁、[フォトに保存] 🖼 (写真の場合のみ) のアイコンが表示されます。ここでは[ダウンロード] 🡇 をクリックします**1**。写真がダウンロードされて、「マイファイル」の「ダウンロード」フォルダに保存されます。

✍ Memo [ドライブに追加]をクリックした場合

手順 **2** で[ドライブに保存] ☁ をクリックすると、自分の Google ドライブに保存されます。「ファイル」アプリで、「Google ドライブ」の「マイドライブ」フォルダを開いて確認しましょう。

Section

31

メールを
返信／転送しよう

メールの返信
メールの転送
Re:／Fw:

受信したメールのなかには、送信者に返事を出したり、あるいは他のユーザーにメールを転送したいこともあります。メールの返信や転送も、Gmailならかんたんな操作で行えます。

---

1 メールに返信する

1 [返信]をクリックする

Gmailで返信したいメールを表示し、本文下部にある[返信]をクリックします**1**。

Hint スマートリプライ

メールを表示したときに、図のようにメールの末尾に返信文のような青いボタンが3つ表示されることがあります。これは「スマートリプライ」という機能で、メールの内容に合わせた文言が表示されます。返信したい文言のボタンをクリックすると、その文言でメールの返信文が作成されます。その後、自分で修正してから送信することもできます。

2 メールに返信する

メールの下に返信用のウィンドウが開きます。ここに返信を入力し**1**、[送信]をクリックすると**2**、メールが返信されます。

Memo 引用文の表示

返信メールの末尾にある[…]をクリックすると、受信したメールの内容が表示されます。返信メールには、受信したメールの本文が引用されるようになっています。

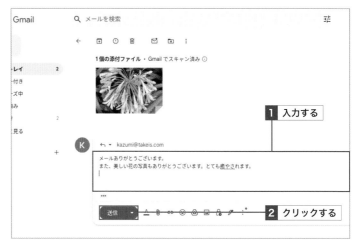

2 メールを転送する

1 [転送]をクリックする

Gmailで転送したいメールを表示し、本
文下部にある[転送]をクリックします
1。

1 クリックする

2 メールを転送する

メールの下に転送用のウィンドウが開き
ます。転送先のメールアドレスを入力し
1、必要に応じて本文に追加の文章を入
力し**2**、[送信]をクリックすると**3**、メー
ルが転送されます。

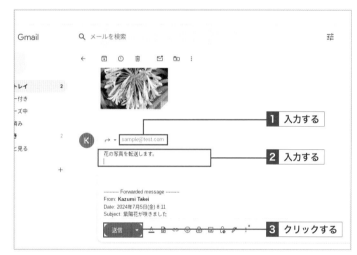

1 入力する

2 入力する

3 クリックする

Memo タイトルの先頭に文字が追加される

返信や転送を行う場合、メールの件名の先頭に返信の場合は「Re:」、転送の場合は「Fw:」という文字が追加されます。「Re」はRegard
または「res」の略で「〜について」という意味です。「Fw」はForwardの略で転送という意味になります。

Hint 件名の変更

返信時や転送時の件名を変更したい場合は、どちらも手順 **2** の画面で左
上の[返信の種類] ↩➡をクリックし、[件名を編集]をクリックすると、
件名を変更することができます。

アーカイブやスターで
メールを整理しよう

覚えておきたいキーワード

アーカイブ
すべてのメール
スター

Gmailには、メールを「受信トレイ」から見えなくする「アーカイブ」と特定の
メールに印を付けて分類する「スター」という機能があります。これらをどの
ように利用すればよいかを知っておくと、Gmailがより活用できます。

1 メールをアーカイブする

1 [アーカイブ]をクリックする

Gmailで「受信トレイ」を表示します。
アーカイブしたいメールにチェックを付
け①、[アーカイブ] ◻ をクリックします
②。

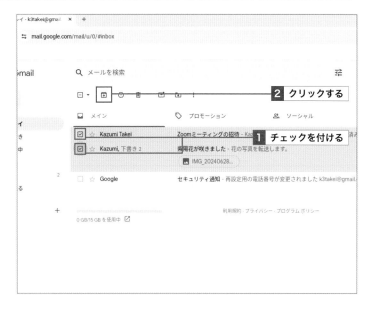

Key Word アーカイブ

アーカイブとは、メールを「受信トレイ」か
ら見えなくする機能です。「受信トレイ」に
メールがいっぱいになると、目的のメール
を探すのが面倒になりますが、アーカイブ
しておくことでメールは削除されずに「受
信トレイ」から見えなくなります。読んだ
メールはアーカイブして、「受信トレイ」に
はなるべくメールを残さないようにするの
がGmailのメール管理のコツです。

2 メールがアーカイブされる

アーカイブしたメールが消え、「受信トレ
イ」に表示されなくなります。

Hint メールを表示した状態でアーカイブする

メールの本文を表示している状態で、左上
の[アーカイブ] ◻ をクリックすることでも
アーカイブすることができます。

3　すべてのメールを確認する

[すべてのメール]をクリックすると、
メールが削除されたわけではなく残って
いることがわかります。

Key Word　すべてのメール

「すべてのメール」をクリックすると、「迷惑
メール」と「ゴミ箱」以外のすべてのメール
が表示されます。アーカイブしたメールも
表示されるので、読み終えたメールは遠慮
なくアーカイブしましょう。

2　メールにスターを付ける

1　メールにスターを付ける

スターを付けたいメールの[☆]をクリッ
クすると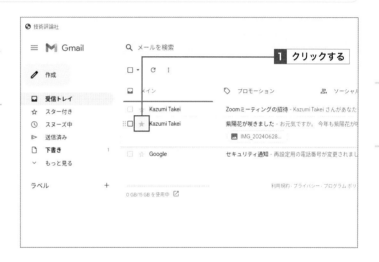、スターが付きます。

Key Word　スター

スターは、メールを分類するために☆マー
クを付ける機能です。メールを一覧表示し
たとき、スターが付いたメールは他よりも
少し目立って表示されるようになります。
重要なメールや、特定の相手から届いた
メールなどにスターを付けておくと、間
違って削除したり見逃してしまうミスも避
けられます。

2　スターが付いたメールを確認する

[スター付き]をクリックすると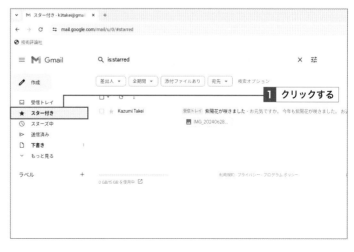、ス
ターが付いたメールが表示されます。

Hint　メールを表示した状態でスターを付ける

メールの本文を表示している状態で、右上
の[☆]をクリックすることでもスターを付
けることができます。

ラベルやフィルターで メールを振り分けよう

覚えておきたいキーワード
ラベル
フィルター
分類

Gmailのフォルダはラベルと呼び、メールにラベルを付けることで分類できます。受信したメールをフィルターによって自動的にラベルが付くよう設定しておけば、メールは自動的に整理されるようになります。

1 ラベルを作成する

1 ラベルを作成する

Gmailでラベルを付けたいメールを表示し、[その他] ⋮ をクリックし**1**、[ラベルを付ける]をクリックして**2**、[新規作成]をクリックします**3**。

> **Memo** すでに作成しているラベルを付ける
>
> 手順**2**ですでに作成しているラベルをクリックすると、そのラベルがメールに付きます。ラベルは複数付けることも可能です。

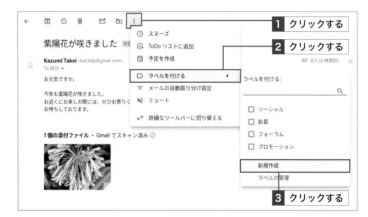

2 ラベル名を入力する

「新しいラベル」ダイアログボックスが表示されるので、ラベル名を入力し**1**、[作成]をクリックします**2**。

3 ラベルが適用される

メールにラベルが適用され、メールタイトルの右側に「受信トレイ」とここでは「仕事」というラベルが表示されています**1**。

4 ラベルが付いたメールを確認する

左側に表示されたラベル名をクリックすると、このラベルを付けたメールだけが一覧表示されます。

2 フィルターを作成してメールにラベルを付けて振り分ける

1 フィルターを作成する

Gmailでラベルを付けたいメールを表示し、[その他] ⋮をクリックして■、[メールの自動振り分け設定]をクリックします2。

2 振り分け条件を指定する

メールの振り分け条件を入力し■、[フィルタを作成]をクリックします2。条件については、P.77のHintを参照してください。

3 フィルターが作成される

メールの処理方法が表示されるので、[ラベルを付ける]にチェックを入れ■、[ラベルを選択]をクリックして付けるラベルを選択します2。[フィルタを作成]をクリックすると3、以後受信したメールは、フィルタにしたがって自動的に処理されるようになります。

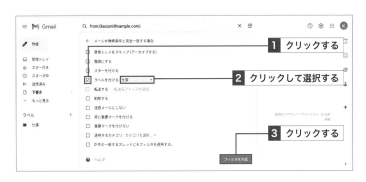

📖 **Memo** そのほかの処理方法

手順 3 で[受信トレイをスキップ（アーカイブする）]にチェックを付けるとメールを受信後すぐにアーカイブされるので、フォルダに振り分けたような感覚で利用できます。また、[○件の一致するスレッドにもフィルタを適用する]にもチェックを付けておくと、そのメールに関連するやり取りにもフィルタが適用されます。

Section

34

プロバイダーのメールを 送受信できるようにしよう

Gmailでは、プロバイダのメールアカウントを追加して送受信することができます。なお、追加するメールアカウントはPOPに対応している必要があります。設定情報はプロバイダーの契約書などを参照してください。

1 プロバイダーのメールを送受信できるようにする

1 「設定」画面を表示する

Gmailの画面右上の [設定] ⚙ をクリックし**1**、[すべての設定を表示]をクリックします**2**。

2 [メールアカウントを追加する]を クリックする

「設定」画面が表示されるので、[アカウントとインポート]をクリックし**1**、[メールアカウントを追加する]をクリックします**2**。

3 追加するメールアカウントを入力する

「メールアカウントの追加」ダイアログボックスが表示されるので、追加するメールアカウントのメールアドレスを入力し**1**、[次へ]をクリックします**2**。

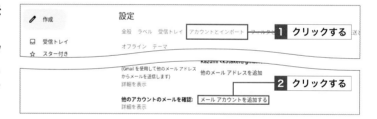

4 [他のアカウントからメールを 読み込む (POP3)]をオンにする

[他のアカウントからメールを読み込む (POP3)]をオンにして**1**、[次へ]をクリックします**2**。

5 アカウント情報を入力する

利用したいメールアカウントの「ユーザー名」「パスワード」「POPサーバー名」「ポート番号」を入力し**1**、[アカウントを追加]をクリックします**2**。

📖**Memo** そのほかの設定項目

手順5で[取得したメッセージのコピーをサーバーに残す]にチェックを付けておくと、追加するメールアカウントのサーバーにメールを残すことができます。また、受信したメールはGmailと同じ受信トレイに表示されるので、[受信したメッセージにラベルを付ける]にチェックを付けてラベルを指定すると、Gmailのメールと区別しやすくなります。

---

6 メールの送信もできるようにする

メールの送信もできるように[はい]をクリックし**1**、[次へ]をクリックします**2**。

7 送信メールに表示される名前を入力する

送信メールに表示される名前を入力し**1**、[次のステップ]をクリックします**2**。

8 送信サーバー情報を入力する

利用したいメールアドレスの「SMTPサーバー名」「ポート番号」「ユーザー名」「パスワード」を入力し**1**、[アカウントを追加]をクリックします**2**。

9 メールアカウントが追加された

メールアカウントが追加されたので、[ウィンドウを閉じる]をクリックします**1**。追加したメールアドレスに確認メールが届いているので、そのメールに記載されたリンクをクリックしてください。

10 設定を確認する

Gmailの設定画面を確認すると、メールアカウントが追加され、メールの返信は追加したメールアドレスから送信できるようになっています。

Section

35

メールの署名を
作成しよう

誰から送られてきたメールなのかを判別できるよう、送信メールには署名を入れるのが一般的です。あらかじめ作成しておくことで、メールの作成時に自動的に署名を挿入することができます。

---

1 メールの署名を作成する

1 署名を作成する

P.86を参考にGmailの「設定」画面を表示し、[全般]をクリックして🛈、「署名」の[新規作成]をクリックします🛈。

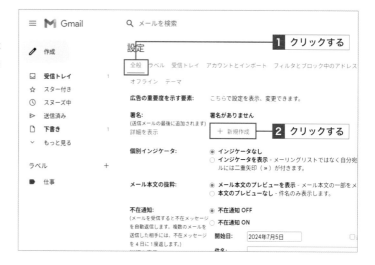

2 署名の名前を入力する

「新しい署名に名前を付ける」ダイアログボックスが表示されるので、署名の名前を入力して🛈、[作成]をクリックします🛈。

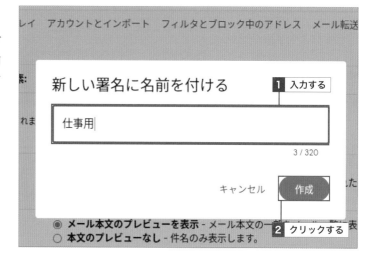

3 署名を入力する

署名の名前の右横に署名の入力欄が表示されるので、署名を入力します**1**。「デフォルトの署名」の「新規メール用」と「返信／転送用」の［署名なし］をクリックして**2**、手順**2**で作成した署名の名前を設定します。

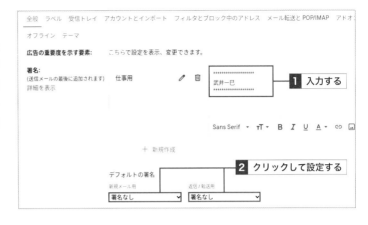

4 ［変更を保存］をクリックする

ページの最後までスクロールし、［変更を保存］をクリックします**1**。

5 署名を確認する

P.74を参考に新規メールを作成すると、設定してある署名がメール本文の末尾に追加されていることがわかります**1**。

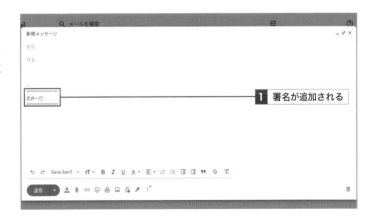

Memo 複数の署名を切り替える

署名は仕事用、プライベート用など複数作成して切り替えて使うことができます。署名を切り替えるには、メールの作成画面で下部の［署名を挿入］✐をクリックし、使用したい署名の名前をクリックします。

Section
36

連絡先を管理しよう

覚えておきたいキーワード
連絡先
Googleコンタクト
連絡先の同期

多くの相手とメールのやり取りを行うとき便利なのがアドレス帳の機能です。Gmailでも「連絡先」という機能があり、メールアドレスを登録してかんたんにGmailから呼び出すことができます。

1 連絡先を登録する

1 「連絡先」を表示する

P.58を参考にWebブラウザのGoogle Chromeを起動し、アドレスバーに「https://contacts.google.com/」と入力して[Enter]キーを押します**1**。

1 入力して[Enter]を押す

> **Memo** 「連絡先」とは
>
> 「連絡先」は「Googleコンタクト」という名前のサービスで、Gmailとは別のサービスになっています。とはいっても、連携しているのでとくに不便はありません。

2 「連絡先」が表示される

「連絡先」が新しいタブで開きます。画面左上にある[連絡先を作成]をクリックします**1**。

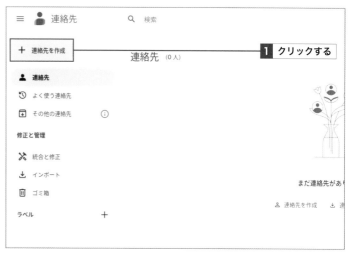

1 クリックする

> **Memo** 連絡先の同期
>
> 手順**2**の画面では連絡先は1件も表示されていませんが、すでにスマートフォンなどでGoogleの連絡帳アプリを利用しているときは、それらの情報が同期されて表示されます。Chromebookでもスマートフォンでも同じ連絡先情報を共有して利用できるので便利です。

3 連絡先を作成する

メニューが表示されるので、[連絡先を作成] をクリックします**1**。

4 連絡先情報を入力する

連絡先の入力画面が表示されるので、名前やメールアドレス、電話番号や住所などを入力し**1**、[保存] をクリックします**2**。

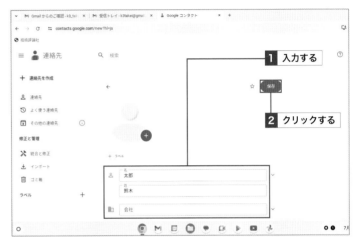

Memo 顔写真やアイコンの登録

連絡先の入力画面で人物アイコンの [+] をクリックすると、顔写真やイラストアイコンなどが登録できます。

5 連絡先が登録される

連絡先が登録されて表示されます。連絡先をクリックすると**1**、手順 **4** で入力した情報が表示されます。

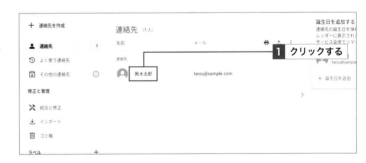

Hint ラベル機能

画面左側にある「ラベル」は、Gmailと同様に連絡先をフォルダー (グループ) に分けて管理できる機能です。連絡先をジャンル別に管理できるほか、グループへの一斉送信も可能です。

Step Up Gmailから連絡先を登録

Gmailでメールの本文を表示し、送信者のアイコンにポインタを合わせ、表示されるダイアログボックスで右上の[連絡先に追加] をクリックすると、送信者を連絡先に登録することができます。

Section 37

連絡先からメールを送信しよう

覚えておきたいキーワード
連絡先
メール作成
宛先

連絡先にメールアドレスが登録された相手であれば、そこからメールを作成して送信することが可能です。逆に、Gmailでメール作成時に連絡先に登録している相手を選択してメールを作成・送信することもできます。

1 連絡先からメールを送信する

1 メールを送信したい相手を指定する

連絡先の一覧でメールを送信したい相手をクリックし、[メール]をクリックします❶。

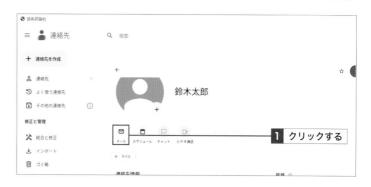

2 メールの件名と本文を入力する

Gmailの「新規メッセージ」ウィンドウが表示されるので、件名と本文を入力して❶、[送信]をクリックします❷。

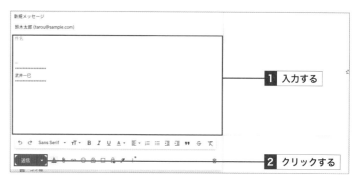

Step up Gmailの宛先から連絡先を呼び出す

Gmailの「新規メッセージ」ウィンドウで[宛先]をクリックすると、「連絡先の選択」ウィンドウが表示されます。ここからメールを送信したい相手をクリックし、[挿入]をクリックすると、「宛先」欄に相手のメールアドレスが入力されます。また、ラベルを作成している場合は、画面右の[連絡先]をクリックしてラベルを選択し、[すべて選択]をクリックすると、ラベルの相手全員に一斉送信することができます。

第4章

アプリケーションや
拡張機能を活用する

Section

38

Chromebookで使える
アプリケーションについて知ろう

覚えておきたいキーワード
Chrome拡張機能
PWA
Androidアプリ

Chromebookで利用できるアプリケーションには、大きく分けて「WebブラウザのGoogle Chromeで利用できるアプリケーション」と「Androidスマートフォン用のアプリケーション」があります。それぞれについて解説します。

1 WebブラウザのGoogle Chromeで利用できるアプリケーション

「WebブラウザのGoogle Chromeで利用できるアプリケーション」には、P.70で紹介したGmailやP.96で紹介するGoogleマップなどの「Webサービス」（Webアプリ）と、Chromeに便利な機能を追加する「Chrome拡張機能」があります。

「Webサービス」は、Google Chromeからアクセスして利用できますが、「Chrome拡張機能」はChromeウェブストアからダウンロードしてインストールする必要があります。

また、一部のWebサービスでは、アドレスバーの右に［○○をインストール］というアイコン🖥が表示されることがあり、クリックすることでアプリケーションをインストールできます。これは、Webサービスをアプリケーションのように動かせる、「PWA」（プログレッシブWebアプリ）というものです。ランチャーからアプリケーションとして利用できたり、オフラインでも使用できたりするなどのメリットもありますが、Webサービス版や後述のAndroidアプリ版とは機能や画面が違うこともあるため、本書ではとくに紹介や解説はしません。

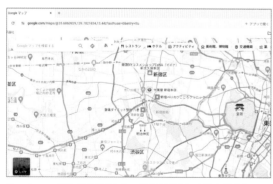

Googleマップなどの「Webサービス」はWebブラウザのGoogle Chromeから利用することができる

「Chrome拡張機能」はChromeウェブストアからダウンロードしてインストールする

📖 **Memo** ChromeアプリとAndroidアプリ

古いChromebookでは、かつて「Chromeアプリ」というChromebook専用のアプリケーションが利用できましたが、すでにGoogleのサポートが終了しているため、本書では紹介していません。Chromeアプリは上述の「PWA」に移行し、さらにAndroid用アプリもChromebookで動作するようになってきているため、使用する機会はありません。

2 Androidスマートフォン用のアプリケーション

2019年以降に発売されたChromebookでは、Androidスマートフォン用のアプリケーション（Androidアプリ）が利用できます。「Androidアプリ」は、Playストアからダウンロードしてインストールする必要がありますが、すべてのAndroidアプリが動作するわけではなく、メーカーや機種によってはインストールすらできないものもあります。また、「WebブラウザのGoogle Chromeで利用できるアプリケーション」と比較すると機能は豊富ですが、動作が重い場合があります。

「Androidアプリ」は、Playストアからダウンロードしてインストールする

3 本書で紹介するアプリケーション

P.30～31の方法でアプリケーションを起動した場合、使用している機種によって「WebブラウザのGoogle Chromeで利用できるアプリケーション」が起動する場合もあれば、「Androidスマートフォン用のアプリケーション」が起動する場合もあります。また、標準でインストールされているアプリケーションは、メーカーや機種によって異なります。

そのため、本書では「WebブラウザのGoogle Chromeで利用できるアプリケーション」でアプリケーションの使い方を解説しています。同じアプリケーション名でも、それぞれ機能や画面に違いがありますが、「Androidスマートフォン用のアプリケーション」の使い方については解説していませんので、ご了承ください。

また、以降の節ではGoogle Chromeに直接URLを入力してアプリケーションを利用していますが、それ以外の方法だとアプリケーション版が起動してしまうことがあるので、表示したWebページはP.64を参考にブックマークに登録するとよいでしょう。

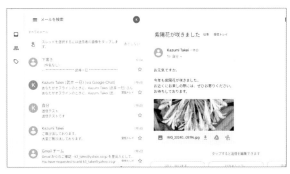

同じ「Gmail」アプリでもWeb版（左）とAndroidアプリ版（右）では画面が違う。機種によってどちらが起動するかわからないこともあるので、パソコンと同じ操作が行えるWeb版がおすすめ

Section

39

Googleマップで目的地の経路を検索しよう

覚えておきたいキーワード
Googleマップ
現在地
経路検索

Googleのサービスのなかでも、よく利用されているのがGoogleマップです。ここでは、地図を表示したり、目的地までの経路を調べたり、周辺の施設を検索したりといった、Googleマップの使い方を解説します。

---

1 現在地を表示する

1 URLを入力する

WebブラウザのGoogle Chromeを起動し、アドレスバーに「https://www.google.co.jp/maps/」と入力してEnterキーを押します**1**。

> **Memo** URLを入力してアプリを利用
>
> P.95でも解説したように、ここではGoogle Chromeに直接URLを入力してWebアプリを利用しています。Googleの検索結果やトップページのメニューからGoogleマップを選択すると、アプリケーション版が起動してしまうことがあるので注意してください。以降のページも同様です。

2 Googleマップが表示される

Googleマップで現在地の地図が表示されます。現在地が表示されない場合は、右下の◉をクリックします**1**。

> **Memo** 位置情報の取得
>
> Chromebookでは、Wi-Fiに接続することで現在地の位置情報を取得しています。位置情報の取得に関する画面が表示されたら、[許可する]をクリックしてください。

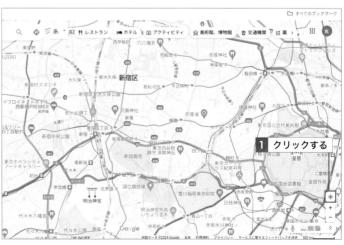

1 地図を移動する

地図上をドラッグすると、地図を移動することができます**1**。また、ピンチ操作で地図の拡大／縮小も行えます**2**。

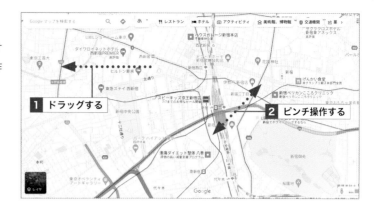

1 ドラッグする

2 ピンチ操作する

2 目的地を検索する

目的地を検索するには、左上の検索ボックスに目的地を入力して[Enter]キーを押します**1**。候補が複数表示される場合は、表示したい場所をクリックします**2**。

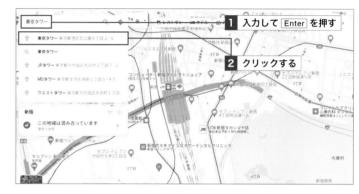

1 入力して[Enter]を押す

2 クリックする

3 目的地が表示される

目的地の地図や情報が表示されます。[閉じる]×をクリックすると**1**、サイドパネルの情報が消えます。

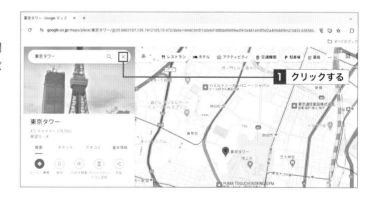

1 クリックする

Memo 航空写真やストリートビューを表示する

左下の[レイヤ]にポインタを合わせて[詳細]をクリックすると、航空写真や路線図、ストリートビューなどが表示できるメニューが表示されます。それぞれクリックすることで目的地の様子がよくわかります。

3 **目的地までの経路を検索する**

1 経路検索を行う

地図を表示し、左上の［ルート］◈をク
リックします**1**。

2 出発地と目的地を入力する

出発地（ここでは「東京駅」）と目的地（こ
こでは「東京タワー」）を入力し**1**、交通
手段（ここでは「公共交通機関」🚌）をク
リックすると**2**、経路がいくつか表示さ
れます。確認したい経路を1〜2回クリッ
クします**3**。

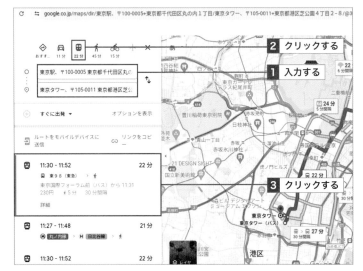

💡 **Hint** 出発時刻の変更

交通手段に「車」や「公共交通機関」を指定し
た場合は、［すぐに出発］をクリックするこ
とで、出発時刻を変更したり、到着時刻を
指定したりすることができます。

3 経路の詳細が表示される

経路の詳細が表示されます**1**。

📖 **Memo** 交通手段の種類

手順 **2** では、車、公共交通機関、徒歩、自
転車といった交通手段が選択できます。検
索結果から［←］をクリックして1つ前の画
面に戻り、別の交通手段をクリックして検
索することもできます。

4 周辺の施設を検索する

1 施設名を入力する

地図で施設を検索したい場所付近を表示し、検索ボックスに検索したい施設を入力して Enter キーを押します**1**。

2 検索結果をクリックする

検索結果が表示されるので、見たい施設をクリックします**1**。

3 施設の詳細な情報が表示される

施設の詳細な情報が確認できます。2本指で上下にスライドしてスクロールすることで、住所や口コミ、写真なども確認できます**1**。

Section

40

Google カレンダーで
予定を管理しよう

覚えておきたいキーワード
Googleカレンダー
予定
タスク

Googleカレンダーは、Googleが提供しているスケジュール管理サービスです。予定を書き込んでカレンダーに表示したり、タスク管理やリマインダーなどを利用したりできます。

1 カレンダーを表示する

1 URLを入力する

WebブラウザのGoogle Chromeを起動し、アドレスバーに「https://calendar.google.com/」と入力して Enter キーを押します■。

2 Googleカレンダーが表示される

Googleカレンダーで今週のカレンダーが表示されます。

💡 **Hint** 表示形式の変更

画面右上の表示メニューボタン（ここでは[週]）をクリックし、[日]や[月]や[年]をクリックすることで、日表示や月表示や年表示に変更できます。

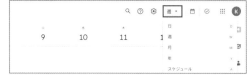

2　カレンダーに予定を登録する

1　[作成]をクリックする

P.100手順 2 の画面で[作成]→[予定]の
順にクリックすると **1**、予定の入力画面
が表示されます **2**。

1 クリックする
2 表示される

> **Memo** タスクや予約スケジュールの登録
>
> 手順 1 の画面では、予定以外にタスクや予
> 約スケジュールが作成できます。タスクは、
> 期限の決められた予定です。予約スケ
> ジュールは他のユーザーと共有可能な予約
> です。なお、予定の作成画面で、タスクや
> 予約スケジュールに変更して新規作成する
> こともできます。

2　予定を入力する

予定のタイトルと日付、時刻を入力して
1、[保存]をクリックします **2**。

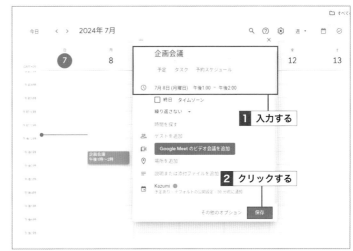

1 入力する
2 クリックする

3　予定が登録される

予定が登録されます。予定をクリックす
ると **1**、登録した予定の内容が表示され
ます。

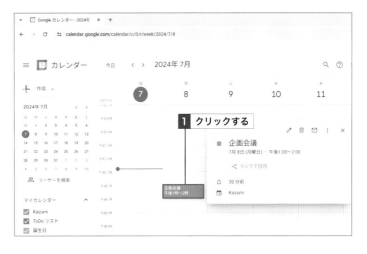

1 クリックする

> **Memo** 予定の編集や削除
>
> 手順 3 の画面で[編集]✎をクリックすると
> 予定の編集が行え、[予定を削除]🗑をク
> リックすると予定の削除が行えます。

Section 41

Google ドライブで ファイルを管理しよう

覚えておきたいキーワード
- Googleドライブ
- アップロード
- ダウンロード

Googleのサービスではデータの保存にGoogleドライブを利用することが前提となっています。「ファイル」アプリからも利用できますが (P.47参照)、ここでは、Google ChromeからGoogleドライブを使う方法を紹介します。

1 Googleドライブにファイルをアップロードする

1 URLを入力する

WebブラウザのGoogle Chromeを起動し、アドレスバーに「https://drive.google.com/」と入力して Enter キーを押します■。

2 Googleドライブが表示される

Googleドライブが表示されます。「ファイル」アプリなどですでにGoogleドライブを利用していた場合は、ファイルが表示されていることもあります。[マイドライブ]をクリックし■、[新規]をクリックします■。

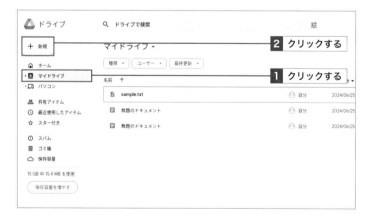

3　[ファイルのアップロード]をクリックする

表示されるメニューで［ファイルのアッ
プロード］をクリックします**1**。

4　ファイルをアップロードする

ファイルの選択ウィンドウが表示される
ので、アップロードしたいファイルをク
リックし**1**、［開く］をクリックすると**2**、
指定したファイルがGoogleドライブに
アップロードされます。

> 💡 **Hint　複数ファイルの選択**
>
> Ctrl キーもしくは Shift キーを押しなが
> らファイルを選択することで、複数のファ
> イルをまとめて選択できます。

2　Googleドライブからファイルをダウンロードする

1　ファイルをダウンロードする

ダウンロードしたいファイルを2本指で
タップし**1**、表示されたメニューから［ダ
ウンロード］をクリックします**2**。ファ
イルが「マイファイル」の「ダウンロード」
に保存されます（P.47参照）。

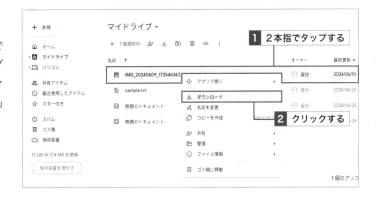

> 💡 **Hint　ドラッグ＆ドロップによるアップロード**
>
> Googleドライブのウィンドウと「ファイル」アプリのウィンドウを開き、2つのウィンドウ間でファイルをドラッグ＆ドロップする
> ことで、ファイルのアップロードがかんたんに行えます。

> **Step
> up　Googleドライブの容量**
>
> Googleドライブの容量は、1つのGoogleアカウントにつき15GBとなっています。15GBの容量には、アップロードしたファイル、
> Googleドキュメントで作成したファイル、Googleフォトでアップロードしたファイル、Gmailで利用している容量などがすべて含
> まれています。15GBで容量が不足するようなときは、Chromebookの購入特典を利用するか（P.25参照）、［保存容量を購入］をク
> リックしてGoogleドライブの容量を増やすことも考えてみるとよいでしょう。Googleドライブの容量の使用状況は、Googleドラ
> イブの画面左下の「保存容量」に表示されています。

Section

42

Google ドライブで ファイルを共有しよう

覚えておきたいキーワード
ファイルの共有
リンクのコピー
権限の設定

Google ドライブに保存しているファイルやフォルダは、他のユーザーと共有することができます。写真やドキュメントなど、ファイル共有でもっと便利に活用することが可能です。

1 ファイルを共有する

1 共有したいファイルを選択する

P.102を参考にGoogleドライブのマイドライブを表示します。共有したいファイルを2本指でタップし **1**、表示されるメニューで[共有]→[共有]の順にクリックします **2**。

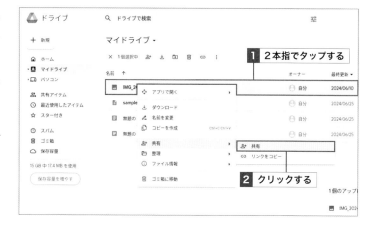

> **(!) Hint 複数ファイルの選択**
>
> Ctrl キーもしくは Shift キーを押しながらファイルを選択することで、複数のファイルをまとめて選択できます。

2 共有相手を入力する

「(ファイル名)を共有」ダイアログボックスが表示されるので、[ユーザー、グループ、カレンダーの予定を追加]をクリックし **1**、共有相手を表示される候補もしくはメールアドレスの入力で追加します。

> 📖 **Memo リンクのコピー**
>
> とくに共有相手を指定せず、リンク(URL)を知らせたユーザーとファイルを共有したい場合は、手順 **2** の画面で[リンクをコピー]をクリックし、メールやSNSなどにペーストして相手に知らせます。

3 権限を設定して送信する

共有相手が追加されたら右側のボタンを
クリックして権限を設定し**1**、必要に応
じてメッセージを入力して**2**、[送信]を
クリックします**3**。

Memo 権限の設定

手順 3 の画面では、「編集者」「閲覧者」「閲覧
者（コメント可）」のいずれかが設定できま
す。共有ファイルを相手が編集してもよい
場合は「編集者」を、それ以外の場合は「閲覧
者」か「閲覧者（コメント可）」を選択します。

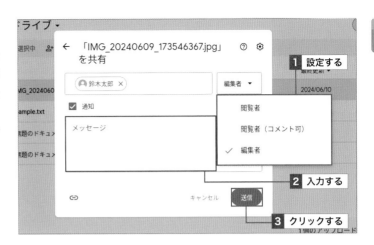

4 ファイルが共有されたことを確認する

共有相手にはメールが送信されます。
Googleドライブで右上の[リストレイア
ウト] ≡をクリックしてファイルの表示
方法をリスト形式にすると**1**、共有され
ているファイルには末尾に共有マーク
が付いています**2**。

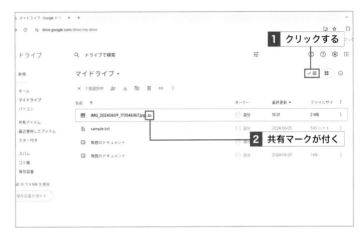

2 ファイルの共有を終了する

1 ファイルの共有を終了する

P.104手順**1**を参考に、共有を終了した
いファイルの「（ファイル名）を共有」ダイ
アログボックスを表示します。共有相手
の権限が書かれたボタンをクリックし
1、[アクセス権を削除]→[保存]をク
リックすると**2**、そのユーザーとの共有
が終了します。

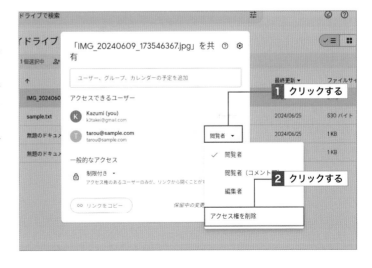

Section

43

Google ドキュメントで 文書を作成しよう

覚えておきたいキーワード
Google ドキュメント
文書
テンプレート

Google ドキュメントは、Google が提供している文書作成のサービスです。Office アプリの Word に相当します。作成した文書は Google ドライブに保存されます。

1 Google ドキュメントの特徴

Google ドキュメントは Office アプリの Word に相当する文書作成サービスで、操作も Word と似ています。作成されるファイルにも完全ではありませんが互換性があり、Word で作成した文書ファイルを Google ドキュメントで編集したり、逆に Google ドキュメントで作成したファイルを Word で読み込んで編集する、といったことが可能です。

新規にファイルを作成するほか、テンプレートを指定してファイルを作成することもできます。作成したファイルは一定時間で自動的に保存されるので、とくにファイルを保存するといった操作は不要です。

また、作成した文書を Word 形式のほか、PDF や HTML 形式などで書き出すこともできます。

テンプレートを使用した文書の作成

[ファイル]→[ダウンロード]で PDF などさまざまな形式で書き出してダウンロード可能

 **Memo** 共有機能

Google ドキュメントのファイルを共有すると、複数人で文書を同時に編集することができます。

2 文書を作成する

1 URLを入力する

WebブラウザのGoogle Chromeを起動し、アドレスバーに「https://docs.google.com/」と入力して Enter キーを押します**1**。

1 入力して Enter を押す

2 Googleドキュメントが表示される

Googleドキュメントが表示されます。[空白のドキュメント]をクリックします**1**。

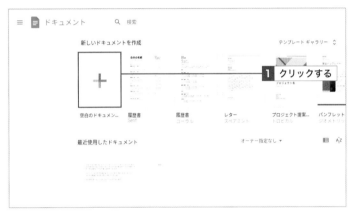

1 クリックする

Memo テンプレートの利用

[空白のドキュメント]の横に表示されているのはテンプレートのファイルです。レターやパンフレットなど、目的に合わせた文書をすばやく作りたい場合に便利です。

3 編集画面が表示される

Googleドキュメントの編集画面が表示されます。左上の[無題のドキュメント]をクリックすると**1**、ファイル名を変更することができます。

1 クリックする

Memo 文書の作成

文字の装飾やスタイルの変更などは上部に表示されたアイコンのメニューで行います。文書の編集や画像の挿入などは、その上に表示されたメニューから行います。

Section 44
Googleスプレッドシートで表計算をしよう

Googleスプレッドシートは、Googleが提供する表計算のサービスです。Officeアプリのexcelに相当します。関数やグラフも利用できるので、さまざまな計算やデータ分析などで活用することができます。

1 Googleスプレッドシートの特徴

Googleスプレッドシートはofficeアプリのexcelに相当する文書作成サービスで、操作もexcelと似ています。作成されるファイルにも完全ではありませんが互換性があり、excelで作成したファイルをGoogleスプレッドシートで編集したり、逆にGoogleスプレッドシートで作成したファイルをexcelで読み込んで編集する、といったことが可能です。また、CSV形式に変換してダウンロードすることもできます。ただし、いくつかの関数が機能しなかったり、レイアウトが崩れることもあります。とくに関数やマクロを利用している表は注意が必要になります。

そのほか、テンプレートを指定してファイルを作成する機能や、ファイルの自動保存機能はGoogleドキュメントと同様です。

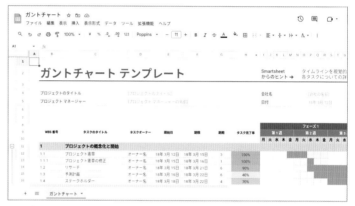
テンプレートを使用したガントチャートの表示

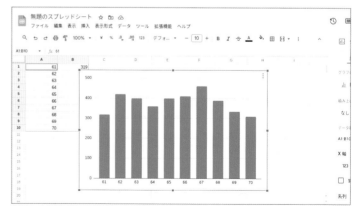
数値をもとにグラフを作成できる

> **Memo** 使用可能な関数
>
> Googleスプレッドシートで使える関数については、https://support.google.com/docs/table/25273?hl=jaを参照してください。

2 表を作成する

1 URLを入力する

WebブラウザのGoogle Chromeを起動し、アドレスバーに「https://docs.google.com/spreadsheets/」と入力してEnterキーを押します**1**。

2 Googleスプレッドシートが表示される

Googleスプレッドシートが表示されます。[空白のスプレッドシート]をクリックします**1**。

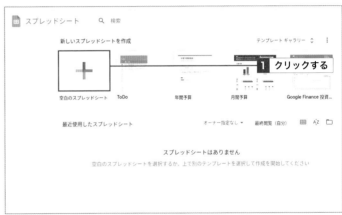

📖 **Memo** テンプレートの利用

[空白のスプレッドシート]の横に表示されているのはテンプレートのファイルです。ガントチャートや予算管理など、目的に合わせた表をすばやく作りたい場合に便利です。

---

3 編集画面が表示される

Googleスプレッドシートの編集画面が表示されます。左上の[無題のスプレッドシート]をクリックすると**1**、ファイル名を変更することができます。

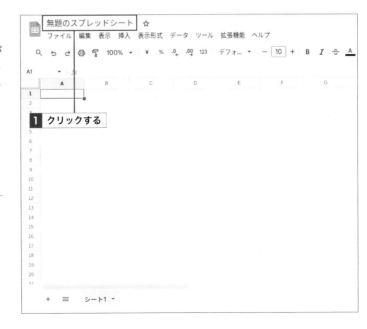

📖 **Memo** セルに入力して表を作成

スプレッドシートの表は、A、B、C……といった列と、1、2、3……という行で作られており、この縦線と横線に囲まれたそれぞれのマスを「セル」と呼んでいます。このセルに文字や数字、計算式、関数などを入力して表を作成していきます。

Section 45

Googleスライドで
プレゼンテーションを作成しよう

覚えておきたいキーワード
Googleスライド
プレゼンテーション
スライド

Google スライドは、Googleが提供するプレゼンテーションのサービスです。OfficeアプリのPowerPointに相当します。スライドの作成だけでなく、再生してそのままプレゼンテーションを行うことも可能です。

1 Googleスライドの特徴

Googleス ラ イ ド はOfficeア プ リ のPowerPointに 相当するプレゼンテーションサービスで、操作もPowerPointと似ています。作成されるファイルにも完全ではありませんが互換性があり、PowerPointで作成した文書ファイルをGoogleスライドで編集したり、逆にスライドで作成したファイルをPowerPointで読み込んで編集する、といったことが可能です。

また、大画面のディスプレイやプロジェクターを接続し、スライドを再生してプレゼンテーションを行うこともできます。

そのほか、テンプレートを指定してファイルを作成する機能や、ファイルの自動保存機能はGoogleドキュメントと同様です。

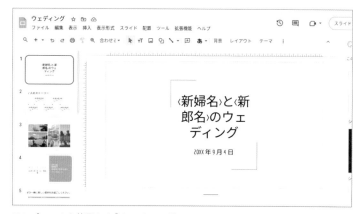

テンプレートを使用した「ウェディング」のスライド

スライドを再生してプレゼンテーションを行うことも可能

Memo 検索した画像を挿入

Googleスライドでは、画像を挿入する際に、Gogole検索で検索した画像を利用することができます。

2　スライドを作成する

1　URLを入力する

WebブラウザのGoogle Chromeを起動し、アドレスバーに「https://docs.google.com/presentation/」と入力してEnterキーを押します**1**。

2　Googleスライドが表示される

Googleスライドが表示されます。[空白のプレゼンテーション]をクリックします**1**。

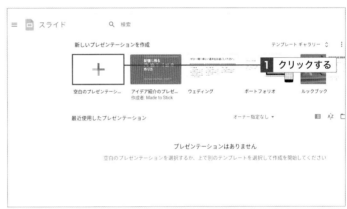

> 📝**Memo** テンプレートの利用
>
> [空白のプレゼンテーション]の横に表示されているのはテンプレートのファイルです。ウェディングやアイデア紹介など、目的に合わせたプレゼンテーションをすばやく作りたい場合に便利です。

3　編集画面が表示される

Googleスライドの編集画面が表示されます。1枚目のスライドが表示され、真ん中にはタイトルやサブタイトルなどの入力枠と、右側には「テーマ」が並んでいます。作成したいスライドのテーマを指定すれば、スライドの見た目も変わります。左上の[無題のプレゼンテーション]をクリックすると**1**、ファイル名を変更することができます。

> 📝**Memo** スピーカーノートの追加
>
> スライドにはスピーカーノートを追加することもできます。スピーカーノートというのは、発言者の音声をテキスト化したもので、Chromebookにマイクを接続するか、または内蔵マイクを利用して音声入力すれば、スピーカーノートが追加できます。

Section 46

Googleフォームで アンケートを作成しよう

Googleフォームは、アンケートを作成して送信し、その回答を集計して
自動的にグラフなどにしてくれるサービスです。アンケートの集計結果は
Googleドライブに保存されます。

1 Googleフォームでアンケートフォームを作成する

Googleフォームはアンケートを作成して送信し、集計するサービスです。アンケートの質問を作成し、同僚やユー
ザーなどに公開して回答してもらい、その回答をグラフなどにして表示してくれる、という機能です。よくわから
ない場合は、テンプレートを作成して試してみるとよいでしょう。

1 URLを入力する

WebブラウザのGoogle Chromeを起動
し、アドレスバーに「https://docs.
google.com/forms/」と入力して Enter
キーを押します**1**。

2 Googleフォームが表示される

Googleフォームが表示されます。[空白
のフォーム]をクリックします**1**。

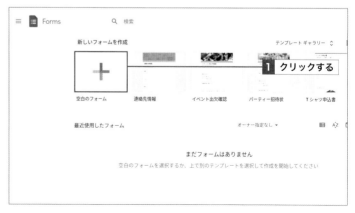

Memo テンプレートの利用

[空白のフォーム]の横に表示されているの
はテンプレートのファイルです。イベント
の出欠確認やパーティの招待状など、目的
に合わせたアンケートをすばやく作りたい
場合に便利です。

3 編集画面が表示される

Googleフォームの編集画面が表示されます。このフォームで、アンケートのタイトルや回答の選択肢などを設定していきます**1**。

Memo 設定できる選択肢

Googleフォームで設定できる選択肢は、選択肢のなかから1つのみ選択できる「ラジオボタン」、回答にチェックマークを付け複数の回答が選択できる「チェックボックス」、クリックするとメニューが表示され1つのみ選択できる「プルダウン」の3種類です。

---

4 アンケートを送信する

アンケートが作成できたら、右上の[送信]をクリックし**1**、表示される画面で送信先のメールアドレスや件名、メッセージを入力して**2**、[送信]をクリックします**3**。

Hint リンクの取得

手順 4 の画面で[リンク] ⌒⊃ をクリックすると、作成したアンケートへのリンクが表示されコピーすることができます。

5 アンケートを集計する

手順 3 の画面で[回答]をクリックすると**1**、アンケートの回答結果が表示されます。

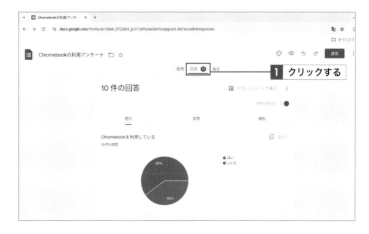

Section 47

Microsoft 365を利用しよう

覚えておきたいキーワード
Microsoft 365
OneDrive
Microsoftアカウント

仕事でWordやExcelに慣れているなら、OneDriveを接続して「Microsoft 365」アプリを活用するとよいでしょう。中身はWeb版ですが、デスクトップ版と遜色ない機能が利用できます。

1 OneDriveを接続してMicrosoft 365を利用する

ChromebookにOneDriveを接続し、「Microsoft 365」アプリをインストールすることで、Word、Excel、PowerPointが利用できるようになります。Web版のMicrosoft 365を利用しているため、OneDriveからのオンラインのみでの利用となりますが、MicrosoftアカウントがあればOfficeアプリを持っていなくても無料で利用可能なので便利です。

1 OneDriveに接続する

P.26を参考に「設定」画面を表示し、[システム環境設定]をクリックして**1**、「ファイル」の[OneDrive]→[接続]の順にクリックします**2**。「Microsoft OneDriveに接続」画面が表示されるので、[OneDriveに接続]をクリックします。

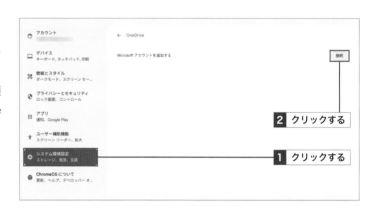

2 クリックする

1 クリックする

2 サインインする

Microsoftアカウントを入力し**1**、[次へ]をクリックしてサインインします**2**。画面の指示に従って、パスワードの入力や権限の許可などを行います。

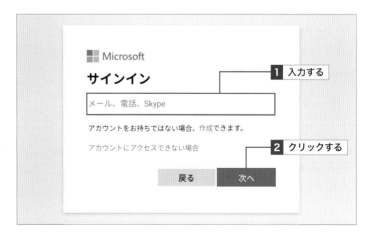

1 入力する

2 クリックする

Memo Microsoftアカウントがない場合

Microsoftアカウントがない場合は、手順**2**の画面で[作成]をクリックして新規作成することができます。

3 OneDriveに接続された

「Microsoft OneDriveに接続しました」画面が表示されたら[閉じる]をクリックします**1**。

4 OneDriveを確認する

「ファイル」アプリを起動すると、「Microsoft OneDrive」が表示されていることが確認できます。[Microsoft OneDrive]をクリックすると**1**、OneDrive内のファイルが表示されるので、Officeファイル(ここではExcelのファイル)をダブルクリックします**2**。

5 アプリをインストールする

「Microsoft 365でファイルを開くように設定する」画面が表示されるので、[始める]→[インストール]の順にクリックします**1**。「Microsoft 365」アプリのインストールが始まります。

6 Officeファイルが表示される

「Microsoft 365」アプリのインストールが終わり、[完了]をクリックすると、Officeファイルが対応するアプリケーションで表示されます。ファイルの閲覧だけでなく編集や新規ファイルの作成も可能です。また、インストールされた「Microsoft 365」アプリからファイルを開くことも可能です。

Section 48

ギャラリーでPDFを閲覧／編集しよう

標準でインストールされている「ギャラリー」アプリは、画像やPDFファイルの閲覧・編集、音楽や動画の再生が行えるアプリです。ここでは、PDFファイルの閲覧と編集の方法を解説します。

1 PDFを閲覧する

1 「ギャラリー」アプリを起動する

P.31を参考にランチャーから「ギャラリー」アプリを起動します。アプリが起動したら、[PDFを開く]をクリックします**1**。

2 ファイルを選択する

「ファイルを選択して開く」ダイアログボックスが表示されるので、閲覧したいPDFファイルをクリックし**1**、[開く]をクリックします**2**。

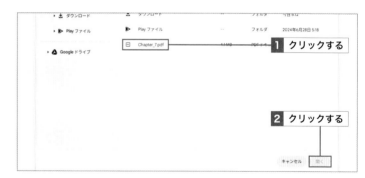

3 PDFが表示される

PDFファイルが表示されます。

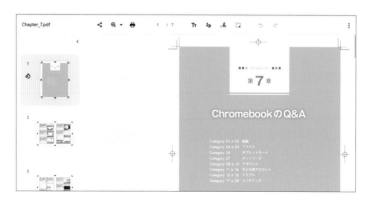

> **Hint** そのほかのPDF閲覧方法
>
> PDFファイルは、「ファイル」アプリからダブルクリックしたり、「ギャラリー」アプリにドラッグ＆ドロップすることでも閲覧できます。また、WebブラウザのGoogle Chromeにドラッグ＆ドロップすれば、Webブラウザ上での閲覧も可能です。

2 PDFファイルを編集する

1 テキストを入力する

ツールバーの［テキストを追加］**Tr**をクリックし**1**、フォントの種類、サイズ、色などを設定し**2**、画面上をクリックしてテキストを入力すると**3**、PDF上に文字入力することができます。

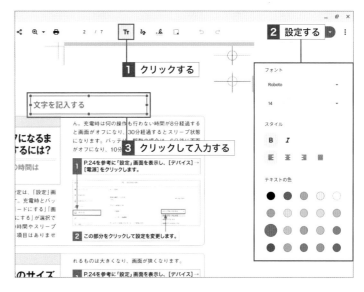

2 手描きの線を入力する

ツールバーの［描画］をクリックし**1**、線の種類、サイズ、色などを設定して**2**、画面上をドラッグすると**3**、PDF上に手描きの線を入力することができます。編集が終わったら、［保存］をクリックします**4**。

Memo 「ギャラリー」アプリのそのほかのPDF編集機能

「ギャラリー」アプリでは、上記のほかにテキストのハイライト表示、フォームの入力、署名、ページの回転／並べ替え／削除などが行えます。

Memo 音楽や動画の視聴とファイルのプレビュー

「ギャラリー」アプリでは、動画ファイルや音楽ファイルを開いて視聴することもできます。また、「ファイル」アプリでPDFファイルや動画、音楽ファイルを選択してスペースキーを押すと、PDFファイルならプレビューを表示し、動画や音楽ファイルならファイルを再生できます。

Section 49
Googleフォトで写真を管理しよう

覚えておきたいキーワード
Googleフォト
写真
アルバム

Googleフォトは、クラウド上に写真を保存して閲覧・編集できるサービスです。Chromebookで撮影した写真や、スマートーフォンで撮影した写真なども手軽に閲覧できるため、大事な写真を整理して保存しておくのに便利です。

1 Googleフォトで写真を保存・閲覧する

1 URLを入力する

WebブラウザのGoogle Chromeを起動し、アドレスバーに「https://photos.google.com/」と入力してEnterキーを押します**1**。

2 Googleフォトが表示される

Googleフォトの画面が表示されます。すでにスマートフォンなどでGoogleフォトに、写真が保存されている場合は、それらのサムネイルが表示されます。

Memo 初回起動時の確認

初回起動時は、Googleフォトの写真で写っている顔によってグループ化するかどうかの確認ダイアログボックスが表示されます。似た顔ごとに自動的にグループ化したいときは [許可] を、そうでなければ [許可しない] をクリックします。

3 写真をアップロードする

「ファイル」アプリを開き、保存したい写真をGoogleフォトの画面にドラッグ＆ドロップします**1**。写真は複数選択することもできます。

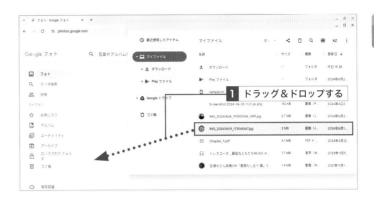

4 画質を選択する

初回は「バックアップの画質を選択する」ダイアログボックスが表示されるので、画質を選択し**1**、[続行]をクリックします**2**。

Memo バックアップの画質

元の画質のままアップロードしたいときは[元の画質]を、画質を下げてより多くの写真を保存したい場合は[保存容量の節約画質]を選択します。Googleフォトの容量は、GmailやGoogleドキュメントも含めて15GBまでです。

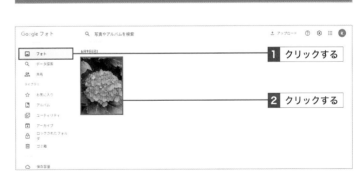

5 写真をクリックする

写真がGoogleフォトに保存されます。画面左の[フォト]をクリックし**1**、表示したい写真のサムネイルをクリックします**2**。

6 写真が表示される

写真が大きく表示されます。

Hint 表示された写真の操作

写真を表示した後、□□キーを押すと前後の写真が表示されます。また、ピンチ操作や2本指で上下にスワイプすることで写真の拡大／縮小が行えます。Chromebook Plusでは、「Googleフォト」アプリで消しゴムマジックが利用できます。

2 アルバムを作成する

1 新しいアルバムを作成する

画面左の[アルバム]をクリックし■、[ア
ルバムを作成]をクリックします②。

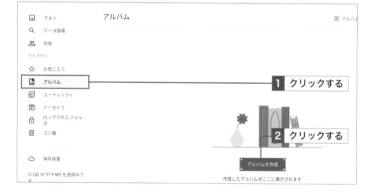

2 アルバム名を入力する

アルバム名を入力し■、[写真を追加]を
クリックします②。

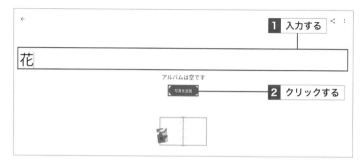

3 写真を選択する

追加したい写真をクリックして選択し
■、[完了]をクリックします②。写真は
複数選択することができます。

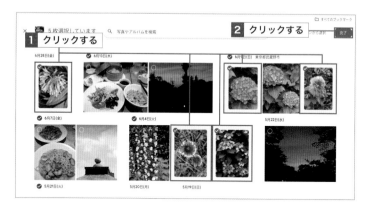

4 アルバムが作成される

写真が追加されアルバムが作成されま
す。写真をクリックすると写真が大きく
表示されます。[←]をクリックすると■、
アルバムが作成されたことが確認できま
す。

3 アルバムを共有する

1 アルバムの共有を開始する

画面左の[アルバム]をクリックして共有
したいアルバムをクリックし、[共有] <
をクリックします**1**。

1 クリックする

2 共有する相手を選択する

招待したい相手をクリックして指定する
か、メールアドレスを入力して招待した
い相手を指定します**1**。

1 指定する

> **Memo** リンクを作成
>
> [リンクを作成]または[リンクをコピー]を
> クリックし、アルバムのリンクを作成して
> メールなどに貼り付けて送信することもで
> きます。メールなどに貼り付けて送信する
> ことができます。

3 共有する相手に送信する

必要に応じてコメントを入力して**1**、[送
信] ▷をクリックします**2**。

1 入力する

2 クリックする

> **Memo** 写真を共有された相手
>
> 写真を共有された相手にはメールが届くの
> で、メール内の[View album]もしくは[写
> 真を見る]をクリックすれば写真を閲覧で
> きるようになります。

Section 50

YouTubeで動画を見よう

覚えておきたいキーワード

YouTube
動画
再生

YouTubeは、世界的に人気の動画共有サービスです。若者の間ではテレビよりも人気のあるユーチューバーや番組もありますが、もちろんこのYouTubeもChromebookで楽しめます。

1 YouTubeで動画を見る

1 URLを入力する

WebブラウザのGoogle Chromeを起動し、アドレスバーに「https://www.youtube.com/」と入力して Enter キーを押します**1**。

2 YouTubeの画面が表示される

初めてYouTubeにアクセスすると、「まずは検索してみましょう」と書かれた画面が表示されます。すでに動画を視聴している場合は、視聴した動画の履歴やおすすめの動画のサムネイルが表示されます。ここでは、検索ボックスをクリックします**1**。

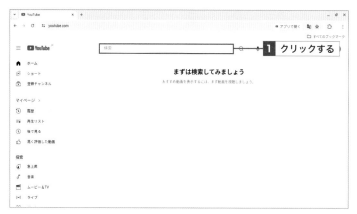

Memo サムネイルをクリックして動画を再生する

手順 2 の画面で動画のサムネイルが表示されている場合は、クリックすることでその動画が再生されます。

3 動画を検索する

見たい動画に関するキーワードを入力
し、 Enter キーを押します**1**。

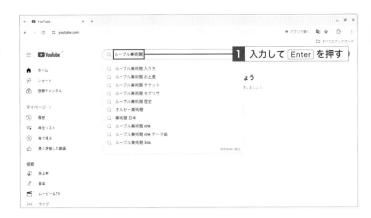

4 検索結果が表示される

検索結果が表示されるので、見たい動画
をクリックします**1**。

5 動画が再生される

動画が再生されます。右に表示される関
連動画をクリックして関連する動画を再
生したり、画面左上の [←] をクリックし
て検索結果の画面に戻ったりすることが
できます。

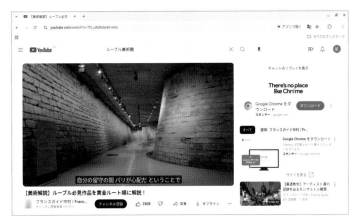

> **(!) Hint フルスクリーンで表示する**
>
> 再生画面右下の [全画面] ■ をクリックする
> と、動画がフルスクリーンで表示されます。
> もとに戻すには Esc キーを押します。

> **Memo YouTube Premiumとは**
>
> YouTubeやYouTube Music（P.124参照）には、無料で利用できる一般会員と、有料メンバーが利用できるPremium会員の2種類
> があります。一般会員の場合、ビデオや音楽は無料で楽しめますが、ときどきCMが入り、ビデオなどが中断されるものもあります。
> Premium会員になれば、この煩わしいCMが入らず、またオフライン再生にも対応しています。なお、Chromebookの購入特典
> （P.25参照）では、YouTube Premiumを3か月無料で体験できます。

Section 51

YouTube Musicで
音楽を聴こう

覚えておきたいキーワード
YouTube Music
音楽
再生リスト

YouTube Musicは、Googleが提供している音楽ストリーミングサービスです。検索して好きな楽曲を聴いたり、好きなアーティストの楽曲をエンドレスで流し続けるといった楽しみ方もできます。

1 YouTube Musicで音楽を聴く

1 URLを入力する

WebブラウザのGoogle Chromeを起動し、アドレスバーに「https://music.youtube.com/」と入力して Enter キーを押します**1**。

2 YouTube Musicの画面が表示される

YouTube Musicの画面が表示されます。Music Premiumやファミリープランの案内が表示された場合は、ここでは[スキップ]をクリックします。画面上の検索ボックスをクリックします**1**。

Memo サムネイルをクリックして音楽を再生する

手順2の画面では、新着の楽曲やおすすめの楽曲のサムネイルが表示されています。クリックすることでその楽曲が再生されます。また、楽曲だけでなくミュージックビデオも再生できます。

3 楽曲を検索する

聞きたい楽曲のキーワードを入力し、Enterキーを押します**1**。

4 検索結果が表示される

検索結果が表示されるので、ここでは[おすすめの再生リスト]をクリックし**1**、表示された再生リストをクリックします**2**。

5 再生リストが表示される

再生リストが表示されるので、聴きたい楽曲をクリックすると**1**、再生が始まります。

Section 52

Google Meetで ビデオ会議を開こう

覚えておきたいキーワード
Google Meet
ビデオ会議
会議を作成

Chromebookでは、内蔵のカメラとアプリケーションを利用してビデオ会議に参加することが可能です。ここでは、Google Meetでビデオ会議を開催／参加する方法を解説します。

1 Google Meetでビデオ会議を開く

1 URLを入力する

WebブラウザのGoogle Chromeを起動し、アドレスバーに「https://meet. google.com/」と入力して Enter キーを押します■。

Memo Google Meetとは

Google Meetは、Googleが提供するビデオ会議サービスです。アカウントがあれば誰でも利用でき、最大100人、最長60分までのビデオ会議が無料で行えます。

2 Google Meetのトップページが表示される

Google Meetのトップページが表示されるので、[新しい会議を作成]をクリックします■。

3 新しい会議を作成する

[会議を今すぐ開始]をクリックします■。

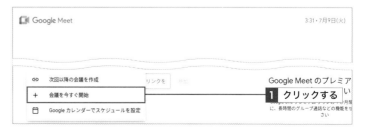

4 カメラやマイクの使用を許可する

初回起動時はカメラやマイクの使用許可に関する画面が表示されるので、[マイクとカメラを許可]→[許可する]の順にクリックします**1**。

5 ユーザーを招待する

「会議の準備が整いました」ダイアログボックスが表示されるので、[ユーザーの追加]をクリックします**1**。「ユーザーを追加」ダイアログボックスが表示されるので、会議に招待したい相手のメールアドレスを入力するか、表示される候補のなかからクリックして選択し**2**、[メールを送信]をクリックします**3**。

6 招待相手が表示される

招待メールを受け取った相手が、メール内の[通話に参加]をクリックして会議に参加すると、相手が表示されます。マイクで話せば参加者のスピーカーで再生され、逆に参加者が話した声が、スピーカーから聞こえてきます。Chromebook Plusではステータストレイ横のアイコンから背景ぼかしなどが行えます。

Memo Google Meetで招待されたビデオ会議に参加する

Google Meetでビデオ会議に参加するには、招待メールに書かれたリンクをクリックするか、手順2の画面で「会議コードまたはリンクを入力」にURLや会議コード入力して[参加]→[参加リクエスト]の順にクリックします。

Memo ビデオ会議から退出する

ビデオ会議が終了して退出する場合は、[通話から退出]をクリックします。

Zoomでビデオ会議を開こう

覚えておきたいキーワード

Zoom
ビデオ会議
Zoom Chrome Extention

Zoomは、Google Meetと同様、かんたんにビデオ会議を開催／参加できるサービスです。Chromebookでは、Google Chromeの拡張機能として配布されている「Zoom Chrome Extension」でZoomが利用できます。

1 Zoomでビデオ会議を開く

1 Zoomを起動する

P.138を参考に「Zoom Chrome Extension」をインストールし、Google Chromeのアドレスバーの右にある[拡張機能]をクリックして **1**、[Zoom Chrome Extension] クリックします**2**。

2 拡張機能が表示される

「Zoom Chrome Extension」が表示されるので、[Sign in to Zoom] をクリックします**1**。

3 [Google]をクリックする

サインイン画面が表示されます。画面が英語表示の場合は、右上の[English]をクリックし、[日本語]をクリックします。初回は[すべてのCOOKIEを受け入れる]をクリックし、ここではGoogleアカウントでサインインするので、[Google]をクリックします**1**。

4 Googleアカウントをクリックする

Googleアカウントをクリックし**1**、画面
の指示に従ってZoomのアカウントを作
成します。

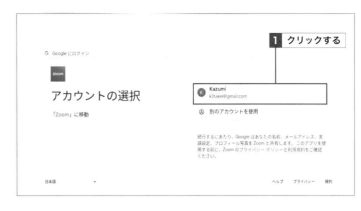

5 ビデオ会議を開始する

Zoomにサインインしたら、[ミーティン
グを起動]をクリックします**1**。この画
面が表示されない場合は、再度手順**2**の
画面を表示して、[Start a Meeting]→
[With Video on]の順にクリックします。

6 参加者を招待する

ビデオ会議が始まるので、[ビデオを開始
する]をクリックすると自分の顔が表示
されます。ビデオ会議画面右上のアイコ
ン■をクリックすると**1**、開催している
ビデオ会議の情報が表示されます。[リン
クをコピー]をクリックすれば、招待リンク
がクリップボードにコピーされるの
で、メールなどに貼り付けてビデオ会議
に招待できます。会議を終了するには、
右下の[終了]をクリックして**2**、[全員
に対してミーティングを終了]をクリッ
クします。

📝**Memo** すでにアカウントを持っている／設定している場合

すでにZoomのアカウントを持っている場合は、手順**3**の画面でメールアドレスとパスワードを入力してサインインします。また、
一度サインインを行えば、次回以降は手順**2**の画面で[Start a Meeting]→[With Video On]の順にクリックすることでビデオ会議
を開催することができます。

招待されたZoomの ビデオ会議に参加しよう

覚えておきたいキーワード
ビデオ会議
待機室
チャット

Zoomのビデオ会議に招待されたら、送られてきたURLをクリックするか、ミーティングIDとパスワードを入力して会議に参加できます。Zoomのアカウントがなくてもビデオ会議には参加可能です。

1 ビデオ会議に参加する

1 Zoomを起動する

メールに記載されているビデオ会議のURLをクリックすると、Zoomが起動します。会議に参加するには、[ミーティングを起動]をクリックします**1**。

2 名前を確認・変更する

ビデオ会議に参加する名前が表示されるので、必要に応じて変更し**1**、[参加]をクリックします**2**。ここに記載されている名前が、他の参加者にも表示されます。会議室のパスコードの入力が必要な場合もあります。

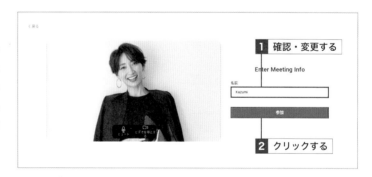

3 入室許可まで待機する

ビデオ会議の開催者が待機室を設定している場合は、入室許可が出るまで待ちます。

4 会議室に入る

入室が許可されると、ミーティング画面に変わります。左下のマイクとビデオのアイコンをクリックすると**1**、ミュートと有効とが切り替わります。右上の[表示]をクリックすると**2**、ミーティング参加者の表示形式をギャラリービューやスピーカービューなどに切り替えられます

5 チャットでメッセージを送る

画面下の[チャット]をクリックすると**1**、右側にチャットウィンドウが開きます。メッセージを入力して[Enter]キーを押すと**2**、メッセージが全員に送信されます。

> **Memo** 特定の相手にメッセージを送信
>
> チャットウィンドウの「宛先」欄で、メッセージを送りたい相手をクリックして選択すると、入力したメッセージが指定した相手に送られます。

6 会議室から退出する

ビデオ会議から退出するには、画面右下の[退出]をクリックし**1**、[ミーティングを退出]をクリックします。

Hint Zoomのホーム画面でビデオ会議の開始・参加・スケジュール管理

Zoomにログインした状態で、Google ChromeからZoomのホーム画面 (https://app.zoom.us/wc/home/) にアクセスすると、図のような画面が表示されます。この画面からビデオ会議を新たに開催したり、ミーティングIDを入力してビデオ会議に参加したり、ビデオ会議のスケジュールを作成したりすることが可能です。また、右上の自分のアイコンをクリックすると、Zoomのさまざまな設定変更が行えます。

Section

●●●●

55

Androidアプリを インストールしよう

覚えておきたいキーワード
Androidアプリ
Playストア
インストール

Chromebookの大きな特徴の1つに、スマートフォンのAndroidアプリが利用できるという点があります。たくさんのアプリケーションがあるので、便利なアプリケーションを探してChromebookで利用してみてください。

1 Androidアプリをインストールする

1 [Playストア]アイコンをクリックする

シェルフもしくはランチャーの [Playストア] アイコンをクリックします**1**。

📝 Memo [Playストア]アイコンがない場合

ランチャーに [Playストア] アイコンがない場合は、Google Chromeから「https://play.google.com/store/apps」でPlayストアにアクセスできます。

2 Playストアの画面が表示される

Playストアの画面が表示されるので、[アプリ] をクリックすると**1**、おすすめのアプリケーションの一覧が表示されます。利用したいアプリケーションがわかっている場合は、画面上部の検索ボックスをクリックします**2**。

📝 Memo アプリケーションの表示

Playストアの画面では、上下左右にスライドしておすすめのアプリケーションを確認したり、ランキングやカテゴリごとにアプリケーションを探したりすることができます。

3 アプリケーションを検索する

キーワードを入力して Enter キーを押します **1**。

4 ［インストール］をクリックする

検索結果が表示されるので、インストールしたいアプリケーションをクリックします **1**。右側にアプリケーションの詳細画面が表示されるので、［インストール］をクリックします **2**。「アカウント設定の完了」画面が表示された場合は、画面の指示に従って支払い方法を追加するか［スキップ］をクリックします。

Hint アプリケーションの一覧から選択した場合

手順 2 の画面で表示されているアプリケーションをクリックした場合もこの画面が表示されます。

5 アプリケーションがインストールされる

アプリケーションのダウンロードとインストールが行われ、完了するとランチャーにアイコンが登録されます **1**。

Memo アプリケーションが利用できない場合もあるので注意

古いChromebookのなかには、Androidアプリをサポートしていない機種もあります。また、Androidアプリのなかには、Chromebookでは動作しなかったり、動作が重かったりするものもあります。とくにスマートフォンのシステム部分に関係するようなアプリケーションは、動作しないものが多いようです。

Section

56

Androidアプリを
使おう

覚えておきたいキーワード
Androidアプリ
ウィンドウサイズの変更
Playブックス

Chromebookにインストールした Androidアプリは、Android スマートフォンと同じように利用できます。ただし、Chromebookで使う場合は、画面表示や操作が異なる場合もあるので注意してください。

---

1 Android用ファイル管理アプリを使う

1 アプリをインストールする

P.132を参考にPlayストアから「ファイルマネージャー」アプリをインストールします。

2 ファイルを管理する

「ファイルマネージャー」アプリを起動すると、ファイル管理画面が表示されます。「メインストレージ」をクリックして開いていくと■、インストールされている「ファイル」アプリでは管理できないシステムのファイルなども、ユーザーが管理できるようになります。

1 クリックする

(!) Hint ウィンドウサイズを変更する

Androidアプリのなかには、Chromebook向けの画面で操作できるものもあります。タイトルバーの中央に「電話」「タブレット」といった表示があれば、この部分をクリックして、[サイズ変更可能]をクリックします。ウィンドウの端をドラッグすれば、ウィンドウの大きさが自由に変更できるようになります。

2 Playブックスで電子書籍を読む

Playストアには、電子書籍を提供するPlayブックスがあります。P.132手順 2 の画面で［書籍］をクリックすると、Playブックスが表示されます。Playブックスのショップには、無料で購入できる本もたくさんあります。これらの本のなかから、気になる本を購入して試し読みしてみるとよいでしょう。

1 アプリをインストールする

P.132を参考にPlayストアから「Google Playブックス」アプリをインストールします。最初からChromebookにインストールされている場合もあります。

2 電子書籍を購入する

「Google Playブックス」アプリを起動すると、Playブックスで購入した書籍やおすすめの書籍などが表示されます。［ショップ］をクリックすると■、読みたい電子書籍をクリックして購入することができます。

3 電子書籍を読む

手順 2 の画面で［ライブラリ］をクリックし、読みたい電子書籍をクリックすると、電子書籍が表示されます。画面をクリックするとメニューが表示され、文字の大きさや行間を変更したり、背景の色を変更したりすることができます。

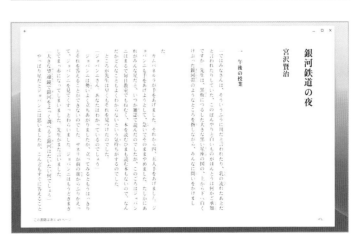

Section 57

Androidアプリをアップデート／アンインストールしよう

覚えておきたいキーワード
アップデート
アンインストール
自動更新

アプリケーションのなかには、機能追加や不具合改善などでアップデートされるものがあります。AndroidアプリのアップデートはPlayストアから行えます。また、不要なアプリケーションはアンインストール（削除）しましょう。

1 Androidアプリをアップデートする

1 メニューを表示する

P.132を参考にPlayストアの画面を表示し、右上のアカウントアイコンをクリックして1、[アプリとデバイスの管理]をクリックします2。

📝Memo アプリケーションの自動更新

手順1の画面で[設定]→[ネットワーク設定]をクリックし、[アプリの自動更新]が「Wi-Fi／モバイルデータですべてのアプリを更新する」になっている場合は、アプリケーションの更新が自動的に行われます。

2 アプリケーションをアップデートする

「利用可能なアップデートがあります」と表示されている場合、[すべて更新]をクリックすると1、アプリケーションの更新が行われます。

📝Memo Androidスマートフォンで利用しているアプリケーションをインストール

同じGoogleアカウントでAndroidスマートフォンを利用している場合、手順2の画面で[管理]→[インストール済み]→[未インストール]をクリックすると、Androidスマートフォンで利用しているアプリケーションが表示されます（Chromebookで利用できる場合のみ）。アプリケーション名をクリックし、[インストール]をクリックすれば、Chromebookにもインストールされます。

2 Androidアプリをアンインストールする

1 アプリケーションをクリックする

P.132手順2の画面で左上の[管理]をクリックすると、Chromebookにインストールされているアプリケーションが一覧表示されます。アンインストールしたいアプリケーションをクリックします■。

2 [アンインストール]をクリックする

アプリケーションの詳細画面が表示されるので、[アンインストール]をクリックします■。

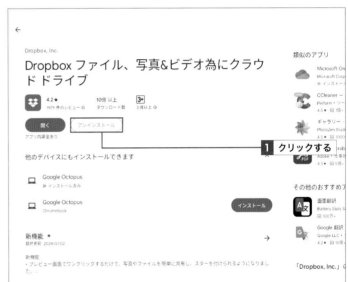

💡 Hint　ランチャーからアプリケーションをアンインストール

ランチャーを開き、削除したいアプリケーションのアイコンを2本指でタップして表示されるメニューで[アンインストール]をクリックすることでも、アプリケーションをアンインストールすることができます。

Section 58 Chrome拡張機能をインストールしよう

覚えておきたいキーワード
Chrome拡張機能
インストール
Chromeウェブストア

Google Chromeでは「Chrome拡張機能」が利用でき、便利な機能やアプリケーションなどを追加することができます。ここでは、「Chrome拡張機能」のインストール方法を紹介します。

1 Chrome拡張機能をインストールする

1 [ウェブストア]アイコンをクリックする

ランチャーの[ウェブストア]アイコンをクリックします**1**。

2 Chromeウェブストアの画面が表示される

WebブラウザのGoogle Chromeが起動し、Chromeウェブストアの画面が表示されます。[拡張機能]をクリックすると**1**、Chrome拡張機能の一覧が表示されます。

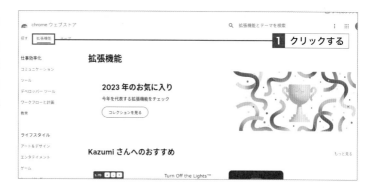

Memo Chrome拡張機能の表示

Chromeウェブストアの画面では、上下にスライドしておすすめのChrome拡張機能を確認することができます。また、右上の⁝をクリックし、[追加した拡張機能とテーマ]をクリックすると、インストールした拡張機能が表示されます。

3 Chrome拡張機能を検索する

利用したいChrome拡張機能がわかって
いる場合は、画面右上の検索ボックスに
キーワードを入力して Enter キーを押
します■。検索結果が表示されるので、
インストールしたいChrome拡張機能を
クリックします■。

4 [Chromeに追加]をクリックする

Chrome拡張機能の詳細画面が表示され
るので、[Chromeに追加]をクリックし
ます■。

Hint Chrome拡張機能の一覧から選択した場合

手順 2 の画面でChrome拡張機能をクリッ
クした場合もこの画面が表示されます。

5 [拡張機能を追加]をクリックする

確認の画面が表示されるので、[拡張機能
を追加]をクリックします■。

6 Chrome拡張機能がインストールされる

Chrome拡張機能のダウンロードとイン
ストールが行われ、完了するとGoogle
Chromeの右上にアイコンが登録されま
す。表示されたメッセージは[閉じる]×
をクリックして閉じます■。

Memo Chrome拡張機能について

インストールされたChrome拡張機能は、Google Chromeのアドレスバーの右側にある[拡張機能] ▱をクリックすると表示されま
す(P.140参照)。Chrome拡張機能の右側のピンをクリックしてオンにしておくと、アドレスバーの右側にChrome拡張機能がアイ
コン表示されるようになります。また、Chrome拡張機能のなかには、独立したアプリケーションとして動作するものもあります。
その場合、ランチャーからアイコンをクリックして起動できます。

Section 59

Chrome拡張機能をアップデート／アンインストールしよう

Chrome拡張機能のアップデートやアンインストールは、Google Chromeの管理画面で行います。また、インストールしている拡張機能を一時的に停止することも可能です。

1 Chrome拡張機能をアップデートする

1 Chrome拡張機能の管理画面を表示する

WebブラウザのGoogle Chromeでアドレスバーの右にある[拡張機能] 🧩 をクリックし**1**、表示されたメニューから[拡張機能を管理]をクリックします**2**。

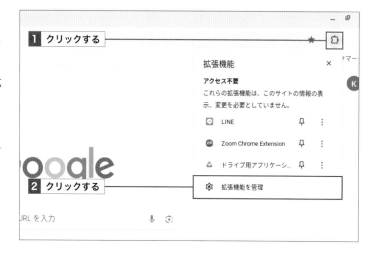

Memo 拡張機能の管理画面を表示

右上の「Google Chromeの設定」メニューから[その他のツール]→[拡張機能]をクリックすることでも拡張機能の管理画面が表示できます。

2 デベロッパーモードをオンにする

画面右上の[デベロッパーモード]をクリックしてオンにし**1**、[更新]をクリックすると**2**、すべてのChrome拡張機能のアップデートが行われます。

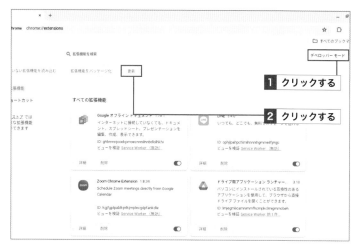

Memo Chrome拡張機能の自動更新

Chrome拡張機能は、Google Chromeを使用していれば自動的に更新されます。

2 ## Chrome拡張機能をアンインストールする

1 Chrome拡張機能をアンインストールする

P.140手順 **2** の画面で、削除したい
Chrome拡張機能の[削除]をクリックし
ます **1**。

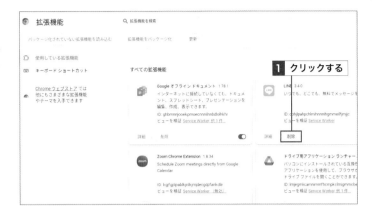

2 [削除]をクリックする

確認画面が表示されるので[削除]をク
リックします **1**。

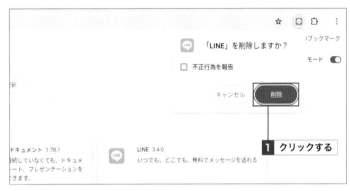

Memo Chrome拡張機能の一時停止

アンインストールするほどではないけど、使用を止めたいという
Chrome拡張機能がある場合は、P.140手順 **2** の画面で一時停止したい
Chrome拡張機能のスイッチをクリックしてオフにします。

Hint そのほかのアンインストール方法

P.140手順 **1** の画面で、Chrome拡張機能の右にある[その他のオプ
ション]：をクリックし、表示されるメニューから[Chromeから削除]
をクリックすることでも、Chrome拡張機能をアンインストールする
ことができます。

ランチャーの
アプリケーションを整理しよう

覚えておきたいキーワード

並べ替え
フォルダ
シェルフに登録

インストールされたアプリケーションは、ランチャー画面に表示されます。数が増えると目的のアプリケーションを探すが大変になるので、並べ替えたりフォルダを作ったりして定期的に整理しましょう。

1 ランチャーのアプリケーションを並べ替える

1 アイコンをドラッグ&ドロップする

ランチャーを表示し、場所を移動したいアプリケーションのアイコンを移動先にドラッグ&ドロップします**1**。

1 ドラッグ&ドロップする

2 アイコンが移動する

アイコンが移動します**1**。もとにあった場所は次のアイコンで詰められ、整頓されて表示されます。

1 移動する

Memo 直前に使ったアプリケーションのアイコンは並べ替えができない

ランチャー画面の検索バーの下にあるアイコンは、直前に使ったアプリケーションです。このアイコンは並べ替えることができません。

2 アプリケーションをフォルダで整理する

1 アイコンをドラッグ＆ドロップする

フォルダにまとめたいアプリケーション
のアイコンを、別のアイコンまでドラッ
グ＆ドロップします **1**。

> **(!) Hint** フォルダにアイコンを追加
>
> フォルダにアイコンを追加したい場合は、
> 追加したいフォルダにアイコンをドラッグ
> ＆ドロップします。

2 フォルダが作成される

フォルダが作成され、アイコンが2つ表
示されます。フォルダをクリックします
1。

3 フォルダ名を変更する

フォルダの中身が表示されます。[名前な
し]をクリックし**1**、フォルダ名を入力
して Enter キーを押します**2**。

> **(!) Hint** フォルダ内のアプリケーションの起動
>
> 手順 3 の画面でアイコンをクリックする
> と、そのアプリケーションが起動します。

4 フォルダ名が変更される

フォルダ名が変更されます**1**。

> **(✐) Memo** フォルダからアイコンを取り出す
>
> フォルダからアイコンを取り出したい場合
> は、手順 3 の画面でアイコンをフォルダの
> 外にドラッグ＆ドロップします。アイコン
> がなくなるとフォルダはなくなります。

Step up アプリケーションをシェルフに登録

アイコンをシェルフにドラッグ＆ドロップにすると、アプリケーション
をシェルフに登録することができます。よく使うアプリケーションは、
シェルフに登録すると便利です。なお、登録を解除するには、アイコン
をシェルフからデスクトップにドラッグ＆ドロップします。

Section

61

覚えておきたいキーワード
Androidアプリ
Chrome拡張機能
インストール

おすすめAndroidアプリ＆Chrome拡張機能

ここでは、便利に使えるAndroidアプリやChrome拡張機能を紹介します。インストール方法については、P.132やP.138を参照してください。なお、機種によってはインストールできず検索結果に表示されないものもあります。

1 おすすめAndroidアプリ＆Chrome拡張機能

Dropbox

種類	Androidアプリ	提供	Dropbox
画像			
概要	無料で2GBの容量が使えるオンラインストレージサービスです。「ファイル」アプリを起動するとDropboxも外部ドライブとして表示されます。		

Firefox

種類	Androidアプリ	提供	Mozilla
画像			
概要	Google Chromeと人気を二分するWebブラウザです。広告トラッカーとマルウェアをブロックし、高速で快適なWebブラウジングができます。		

Trello

種類	Androidアプリ	提供	Trello, Inc.
画像			
概要	カード形式でToDo管理やプロジェクト管理もできる、便利なタスク管理アプリです。無料版では10人まで利用できます。		

青空文庫ビューア Ad

種類	Androidアプリ	提供	Toshihiro Yagi
画像			
概要	日本の小説を中心に、著作権が切れた本を有志が入力・公開している「青空文庫」の本を読むことができます。		

LINE

種類	Chrome拡張機能	提供	LY Corporation
画像	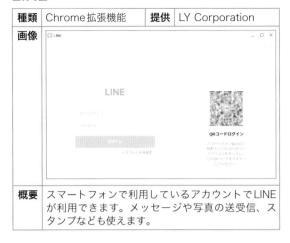		
概要	スマートフォンで利用しているアカウントでLINEが利用できます。メッセージや写真の送受信、スタンプなども使えます。		

Black Menu for Google

種類	Chrome拡張機能	提供	apps.jeurissen.co
画像			
概要	アイコンをクリックするだけで、GmailやGoogleドキュメントなど、Googleのサービスにすばやくアクセスすることができます。		

Google Keep Chrome拡張機能

種類	Chrome拡張機能	提供	google.com
画像			
概要	アイコンをクリックすると、表示しているページのリンクとGoogle Keepのメモ入力画面が表示され、すばやくメモを登録できます。		

Quick Notes

種類	Chrome拡張機能	提供	Jonny Chan
画像			
概要	アイコンをクリックすると小さなウィンドウが開き、いつでもメモを入力できます。メモはChromebook本体に保存されます。		

Super Simple Highlighter

種類	Chrome拡張機能	提供	dexterouslogic.com
画像			
概要	アイコンをクリックしてWebページのテキストを範囲選択すると、選択した部分をカラフルにマーキングすることができます。		

Minimal Reading mode

種類	Chrome拡張機能	提供	xaviesteve.com
画像			
概要	アイコンをクリックすると、広告やサイドバー、いくつかの画像などを消してシンプルな形でWebページを表示します。		

Save to Pocket

種類	Chrome拡張機能	提供	getpocket.com
画像			
概要	アイコンをクリックすると、閲覧しているWebページをPocketというサービスに保存して、あとから読むことができます。		

Speed Dial 2 新しいタブ

種類	Chrome拡張機能	提供	speeddial2.com
画像			
概要	新しいタブを開いたときの表示をGoogleのトップページではなく、さまざまなサイトへのリンクを表示したページに変更できます。		

Create Link

種類	Chrome拡張機能	提供	ku
画像			
概要	Webページを2本指でタップすると表示されるメニューに「Create Link」が追加され、URLをさまざまな形式でコピーします。		

The QR Code Extension

種類	Chrome拡張機能	提供	Beaconstac
画像			
概要	表示しているWebページのタイトルとURLをQRコードにして表示します。編集画面でQRコードをダウンロードできます。		

Shareaholic for Google Chrome

種類	Chrome拡張機能	提供	shareaholic.com
画像			
概要	シェアしたいWebページの情報などを、複数のSNSやメモサービスなどにまとめて投稿することができます。		

Beautiful Epub Reader

種類	Chrome拡張機能	提供	Sparrow
画像	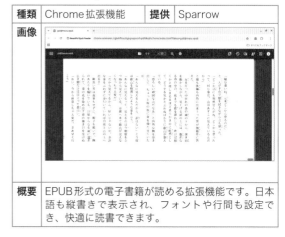		
概要	EPUB形式の電子書籍が読める拡張機能です。日本語も縦書きで表示され、フォントや行間も設定でき、快適に読書できます。		

第 5 章

生成 AI を使う

Section 62

Google Gemini を 使おう

覚えておきたいキーワード
生成AI
Google Gemini
プロンプト

インターネット界で大きな話題となっている生成AI。パソコンやスマートフォンからAIを利用して、趣味や仕事に活かすのがトレンドですが、もちろんChromebookでもかんたんに利用できます。

1 Geminiを使う

1 URLを入力する

WebブラウザのGoogle Chromeを起動し、アドレスバーに「https://gemini.google.com/」と入力してEnterキーを押します**1**。

2 初期設定を進める

初回はGoogleの生成AI「Gemini」のページが表示されます。[Geminiと話そう]をクリックします**1**。

 **Memo** Geminiとは

GeminiはGoogleが開発した生成AIです。テキストや画像、音声などを入力することで、指示にしたがって文章や画像などを生成してくれます。Geminiの大きな特徴は、マルチモーダルという点。テキストや画像などを混在して指定しても、指示にしたがって回答してくれます。利用にはGoogleアカウントが必要です。

3 利用規約を承認する

利用規約が表示されるので、内容をよく
読み、スクロールして［Geminiを使用］
をクリックします。「Geminiへようこそ」
ダイアログボックスが表示されるので、
［続ける］をクリックします**1**。

4 Geminiに質問する

　Geminiが利用できるようになりまし
た。画面下部の「ここにプロンプトを入
力してください」にプロンプト（質問）を
入力して［Enter］キーを押します**1**。

📝 Memo 画像やマイクの使用

［画像をアップロード］🖼をクリックして画
像をアップロードしたり、［マイクを使用］
🎤をクリックして音声でプロンプトを入力
することもできます。

5 回答が表示される

ここでは「明日の天気は？」と質問したの
で**1**、現在地の明日の天気予報が表示さ
れました**2**。もっと難しい質問や、仕事
に役立つ文章、プログラムのコードなど
を生成させることも可能です。

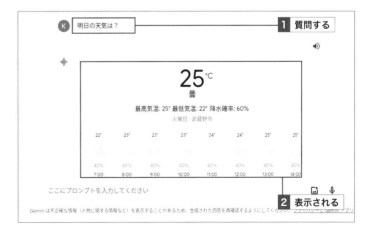

6 読書感想文を書いてもらう

プロンプトから「夏目漱石の『吾輩は猫である』の読書感想文を1000字以内で書いてください」と指示すると■、読んでいない本の感想文を作成することもできます**2**。

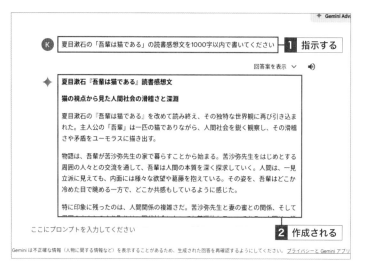

7 Webページを要約する

「次のURLのページを要約してください」のようにURLと合わせて指示すると■、Webページの内容を要約して表示することができます**2**。

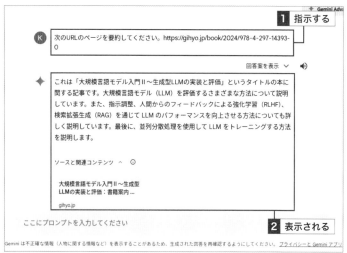

2 受信したメールから会議の予定をすべて抜き出す

GeminiはGoogleサービスと連携することができるので、自分のGmailの受信メールの中から会議の予定だけを抜き出して表示させる、といったことも可能です。

1 拡張機能の利用を設定する

Geminiの画面左下にある[設定]⚙をクリックし■、表示されるメニューから[拡張機能]をクリックします**2**。

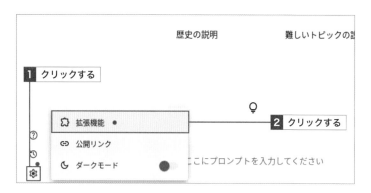

2 Google Workspaceをオンにする

拡張機能の一覧が表示されるので、「Google Workspace」のスイッチをクリックしてオンにします**1**。

3 Google Workspaceを接続する

「Google Workspaceを接続しますか?」ダイアログボックスが表示されるので、[接続]をクリックすると**1**、GeminiからGmailを利用できるようになります。

4 Geminiに質問する

画面左上の[＋]をクリックすると**1**、新しいチャットが始まります。プロンプトで「Gmailの中から会議の予定を抜き出して表示してください」と指示すると**2**、受信メールを検索して会議の予定が一覧表示されます**3**。

Memo Geminiでできること

GeminiではGoogleドキュメント内を検索して、作成されている文章を要約したり、あるいはプロンプトに直接テキストを貼り付け、内容を要約するといったことも可能です。また、Gemini Advanced（有料）ならPDFファイルの内容を要約することもできます。どのようなことができるのかは、「Geminiではどんなことができますか」とGeminiに質問してみると、まとまった回答が得られます。なお、Chromebook Plusであれば、Gemini Advancedを含めたAI Premium Planの購入特典（P.25参照）が12か月無料で利用可能です。

ChatGPTを使おう

覚えておきたいキーワード
ChatGPT
拡張機能
APIキー

生成AIブームの先駆けともなったのが、Open AIが開発・提供している ChatGPTです。ChatGPTもGeminiと同様にWebブラウザから利用できる ため、Chromebookでもかんたんに利用することが可能です。

1 ChatGPTを使う

1 URLを入力する

WebブラウザのGoogle Chromeを起動 し、アドレスバーに「https://chatgpt. com/」と入力して Enter キーを押しま す**1**。

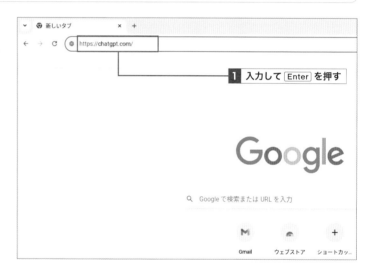

1 入力して Enter を押す

2 ログインする

ChatGPTのトップページが表示されま す。ChatGPTはアカウントがなくても利 用できますが、ここではアカウントを作 成するので、画面右上の[サインアップ] をクリックします**1**。

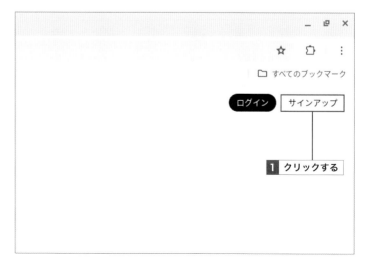

1 クリックする

(!) Hint アカウントがある場合

すでにChatGPTのアカウントがある場合 は、[ログイン]をクリックしてログインし ます。

3 アカウントを作成する

「アカウントの作成」ページが表示されるので、ここでは[Googleで続行]をクリックします**1**。

4 アカウントをクリックする

Googleアカウントの選択画面が表示されるので、ChatGPTに登録したいアカウントをクリックし**1**、表示される画面で[次へ]をクリックします。

5 名前と生年月日を入力する

ChatGPTを利用する際の名前と生年月日を入力して**1**、[同意する]をクリックします**2**。

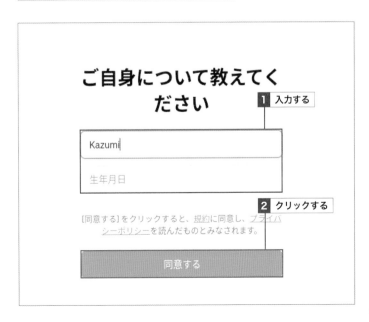

Memo 生年月日の入力形式

生年月日は「日/月/年」の形式で入力します。

153

6 ChatGPTを利用する

ChatGPTのトップページが表示されました。[それでは始めましょう]をクリックすると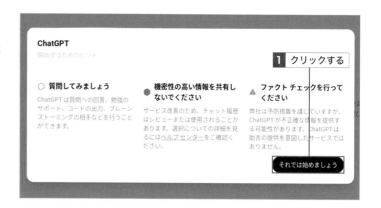、ChatGPTが利用できます。

7 ChatGPTに質問する

ChatGPTの基本的な使い方は、Geminiとほとんど変わりません。画面下部の「ChatGPTにメッセージを送信する」と書かれたテキストボックスにプロンプト（質問）を入力して[Enter]キーを押します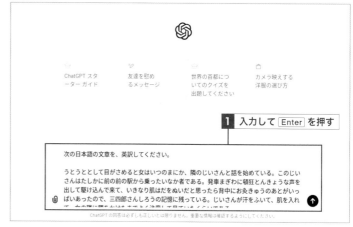。

8 回答が表示される

回答が表示されます。ここでは、入力した日本語を英訳してもらいました。

📖 **Memo** 生成AIはチャットが基本

GeminiもChatGPTも生成AIで、ユーザーの質問や命令に対してその回答を表示してくれるサービスです。ただし、一度の質問や命令で欲しい回答が得られないことも少なくありません。こんなときは会話をするように何度も細かな部分や別の視点で命令や質問を投げかけてみましょう。GeminiもChatGPTも、ユーザーの会話を覚えており、会話に沿って回答を練り上げていきます。これらの生成AIがチャットボットと呼ばれるように、生成AIを賢く利用するためにはチャット（会話）が基本なのです。
なお、生成AIの回答は必ずしも正しいとは限らないので、利用には注意してください。

2 Googleの検索結果にChatGPTの回答を表示する

Chromeウェブストアでは、ChatGPTを活用できる拡張機能が配布されています。「ChatGPT for Google」をインストールしておくと、Google ChromeでのGoogleの検索結果とともにChatGPTの回答も表示されるようになり便利です。

1 「ChatGPT for Google」をインストールする

P.138を参考に、Chromeウェブストアから「ChatGPT for Google」をインストールします**1**。

2 アクセスを許可する

インストールが終わると、権限を付加する画面に変わります。[権限を付与する]をクリックし**1**、[許可する]をクリックします**2**。続いて表示される画面で[Googleで続ける]をクリックして、Googleアカウントでログインします。

Memo ChatGPTにログイン

ChatGPT for Googleを利用する前に、ChatGPTのページにアクセスし、ログインしておく必要があります（P.152〜153参照）。

3 ChatGPTの回答を見る

Googleで検索を行うと、Googleの検索結果とともに、画面右側にChatGPTの回答も表示されます**1**。

Hint ChatGPT for GoogleでGeminiの回答を表示する

ChatGPT for Googleの回答が表示されているボックスの上部に、「Gemini」という表示もあります。これをクリックすると、Geminiからの回答が表示されます。ChatGPTの回答だけでは解決できない場合は、Geminiの回答も参照してみるとよいでしょう。

3 GoogleスプレッドシートでChatGPT関数を使う

Googleスプレッドシートでは、「GPT for Sheets and Docs」というアドオンをインストールすることで「ChatGPT関数」が利用可能です。ChatGPTへの質問の回答をセルに自動的に入力することができるので便利です。

1 アドオンを取得する

P.108を参考にGoogleスプレッドシートで新規のシートを表示し、メニューバーから［拡張機能］→［アドオン］→［アドオンを取得］の順にクリックします**1**。

2 アドオンを検索する

表示される検索ボックスから「GPT for Sheets and Docs」を検索してクリックし、［インストール］をクリックします**1**。

3 アドオンをインストールする

［インストールの準備］ダイアログボックスが表示されたら、［続行］をクリックします**1**。続いて、「アカウントの選択」画面が表示されるので、使用するGoogleのアカウントをクリックし、［次へ］→［許可］→［完了］の順にクリックします。

4 GPT for Sheets and Docsを使う

スプレッドシートの画面に戻ると、右側に「GPT for Sheets and Docs」ウィンドウが開いています。［Continue］をクリックします**1**。

Memo ChatGPTのAPIキーの取得

GPT for Sheets and Docsを利用するには、ChatGPTのAPIキーが必要になります（有料）。これはChatGPTを提供しているOpenAIのページ（https://openai.com/api/）にアクセスし、専用のAPIキーを取得します。取得したAPIキーをGPT for Sheets and Docsに設定することによって、この拡張機能のすべての関数や機能が利用できるようになります。本書では設定方法は割愛しますが、アドオンがAPIキーを持っているため、APIキーを設定しなくても30日間は試用できます。

5 利用できる関数を調べる

GPT for Sheets and Docsが使えるようになったら、[List of GPT functions]をクリックします**1**。

6 関数が表示される

利用できる関数が表示されます。各関数をクリックすると**1**、説明と利用例が英語で表示されます**2**。この例を参考に関数を使ってみるとよいでしょう。

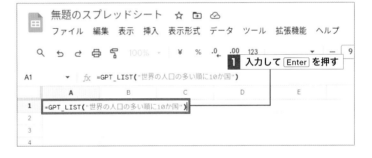

7 GPT_LIST関数を使う

ここでは、GPT_LIST関数を使ってみます。これは、ChatGPTで質問の回答をリスト形式で表示する関数です。A1セルに「=GPT_LIST("世界の人口の多い順に10か国")」と入力して Enter キーを押します**1**。

8 ChatGPTの回答が表示される

しばらくすると、ChatGPTの回答がA列に入力されて表示されます**1**。

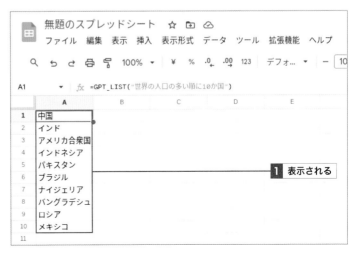

Section 63

ChatGPTを使おう

第5章　生成AIを使う

Section 64

Copilotを使おう

覚えておきたいキーワード
Copilot
Bing
画像生成

Copilotは、Microsoftが提供している生成AIサービスです。Windows 11でもCopilot in Windowsが標準搭載されていますが、そのWeb版が無料で利用できます。ChromebookでもWeb版を利用します。

1 Copilotを使う

Copilotは、もともとMicrosoftのBingという検索サービスで始まった生成AIサービスです。その後、Copilot for Microsoft 365やCopilot in Windowsなどが出てきましたが、ChromebookではBingからCopilotを利用します。

1 URLを入力する

WebブラウザのGoogle Chromeを起動し、アドレスバーに「https://bing.com/」と入力してEnterキーを押します**1**。

2 Bingが表示される

Bingのサイトが表示されるので、画面上部の [Copilot] をクリックします**1**。

📖**Memo** BingはMicrosoftの検索サービス

BingはMicrosoftが運営する検索サービスで、Google検索と同じようにインターネットの検索に利用できます。Copilotをよく利用するようなら、検索もBingで行ったほうが便利かもしれません。

3 Copilotが表示される

Copilotのサイトが表示されます。Microsoftアカウントでサインインしていれば、テキストの生成だけでなく画像の生成も行えます。ここでは、「インバウンドで賑わう上野の街かどの風景を描いてください」のように画像を生成するプロンプトを入力して Enter キーを押します。

Section
64

Copilotを使おう

第
5
章

生成AIを使う

> **Memo** サインイン
>
> Copilotにサインインするには、画面右上の[ログイン]をクリックします。

4 画像が生成される

指定したイメージの画像が生成され、4枚表示されます。そのうち1枚をクリックします。

5 画像をダウンロードする

画像が大きく表示されます。[ダウンロード]をクリックすると、表示されている画像がChromebookの「ダウンロード」フォルダにダウンロードされます。

> **Memo** 1日あたりの画像生成数の制限
>
> Copilotで画像生成を行うには、Microsoftアカウントでサインインしておく必要があります。無料版の場合、1日15回まで画像の生成が可能です。

Section 65

Android アプリで 生成AIを使おう

ChromebookではWebブラウザで生成AIが利用できますが、他のページを閲覧しているときに生成AIを使いたい場合に不便です。Androidアプリをインストールし、Webブラウザと並べて利用すると便利です。

1 Android用「Microsoft Copilot」アプリを使う

ChromebookではすべてのAndroidアプリが利用できるわけではありません。生成AI系のアプリでは、「Microsoft Copilot」アプリがChromebookで利用できます。

1 アプリケーションをインストールする

P.132を参考に、Playストアから「Micro soft Copilot」アプリをインストールします**1**。

2 アプリケーションを起動する

インストールが完了したら、「Microsoft Copilot」アプリを起動し、[続ける]をクリックします**1**。位置情報へのアクセスを許可するかどうかを聞かれた場合は、[アプリの使用時のみ]をクリックします。

3 Copilotを使用する

「Microsoft Copilot」アプリの画面が表示されます。左下の◎をクリックすると ■、テキストボックスが表示されます。Webブラウザ版と同じようにテキストボックスにプロンプト（質問）を入力することで、Copilotが利用できます。

Memo サインイン

画面左上の［サインイン］をクリックすると、Microsoftアカウントでサインインできます。画像の生成など、サインインしないと利用できない機能もあります。

4 ウィンドウのサイズを変更する

初期設定では全画面で表示されているので、画面右上の［復元］◻をクリックし、P.134を参考にウィンドウのサイズメニューから［サイズ変更可能］をクリックします ■。

5 Google Chromeと並べて表示する

画面のサイズを調整して右端に配置し、Google Chromeを起動して左側に並べて表示すると、Webページを閲覧中に気になった用語などをCopilotで調べるといった使い方ができます。

Hint ウィンドウをきれいに並べて表示する

Google ChromeとCopilotのウィンドウをきれいに並べて表示するには、Google Chromeの右上にある◻にポインタを合わせ、［一部］の表示の左側をクリックします。続いて、「Microsoft Copilot」アプリをクリックすると、2つのウィンドウがきれいに並んで表示されます（P.35参照）。

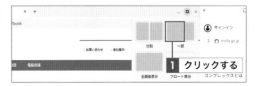

2 文章を生成してコピーする

生成AIが威力を発揮するのは、文章を作成する場面です。標準でインストールされている「Text」アプリを使い、Copilotで生成した文章を「Text」アプリにコピー＆ペーストして文章を作成してみましょう。

1 「Text」アプリとCopilotを起動する

「Text」アプリと「Microsoft Copilot」アプリを起動し、P.161を参考に並べて表示します。

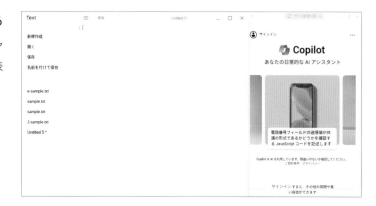

2 文章を作成してコピーする

「Microsoft Copilot」アプリでプロンプトを入力します。ここでは、「夏の時候の挨拶の例を教えてください」と質問します **1**。回答が表示されるので、必要な箇所をコピーします **2**。

⊙ Hint 文章のコピー＆ペースト

文章のコピー＆ペーストについては、P.42〜43を参照してください。回答の下に表示される □ をクリックすることで、全文をコピーすることもできます。

3 文章をペーストする

「Text」アプリにペーストします **1**。このようにして、Copilotで生成した文章を「Text」アプリで利用できます。

第 6 章

Chromebookを
より便利に使う

Section

66
●●●●

Androidスマートフォンと
連携して使おう

覚えておきたいキーワード
スマートフォンハブ
クイック共有
インスタントテザリング

ChromebookとAndroidスマートフォンを連携することで、ファイルを共有したり、スマートフォンのWi-Fiアクセスポイントに接続したり、スマートフォンでChromebookのロックを解除したりできるようになります。

1 スマートフォンハブの設定を行う

Chromebookとスマートフォンを連携するには、スマートフォンハブ機能を利用します。まずは、スマートフォンハブの設定を行っておきましょう。

1 アイコンをクリックする

ステータストレイの左側にあるスマートフォンハブのアイコンをクリックすると ■、「Phone Hubをオンにする」画面が表示されるので、[始める]をクリックします ■。

> **Memo** スマートフォンハブが表示されない場合
>
> スマートフォンハブのアイコンが表示されていない場合は、ChromebookとスマートフォンのBluetoothがオンになっていることを確認してください。また、Chromebookとスマートフォンに同じGoogleアカウントを設定しておく必要があります。

2 スマートフォンと接続する

スマートフォンハブの説明画面が表示されます。接続できるデバイス（スマートフォン）が表示されていることを確認し ■、[接続]をクリックします ■。

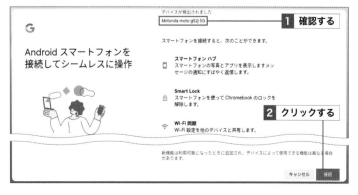

3 パスワードを入力する

Googleアカウントのパスワードを入力し**1**、[完了]→[完了]の順にクリックします**2**。これでChromebookとスマートフォンが連携されるようになります。

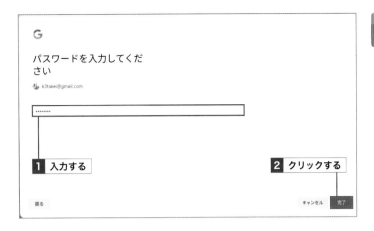

4 設定を確認する

P.26を参考に「設定」画面を表示し、[接続済みのデバイス]→[Androidスマートフォン]の順にクリックすると、スマートフォンハブの設定が表示されます**1**。必要に応じて使用する機能のオン／オフが行えます。本節で紹介する機能はデフォルトでオンになっています。

> **Memo** スマートフォンとの接続を解除する
>
> 手順**4**の画面で、右上の[切断]→[切断]の順にクリックすると、スマートフォンとの接続を解除することができます。

5 スマートフォンハブを表示する

以降は、ステータストレイの左側にあるスマートフォンハブのアイコンをクリックすると**1**、スマートフォンハブで利用できる機能が表示されます**2**。

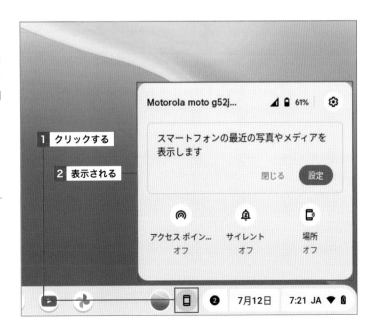

> **Memo** スマートフォンハブの機能
>
> スマートフォンハブでは、本節で紹介している機能のほかに、最近使用した「Google Chrome」のタブの表示や、スマートフォンのサイレントモードのオン／オフ、見失ったスマートフォンのアラームを鳴らすなどの機能があります。

2　クイック共有でファイルを共有する

スマートフォンハブが設定されていると、Chromebookとスマートフォン間で写真や動画などのファイルをかんたんに共有できるようになります。

1　[設定]をクリックする

P.165手順5の画面で［設定］をクリックします■。

2　[次へ]をクリックする

設定画面が表示されたら、［次へ］をクリックします■。

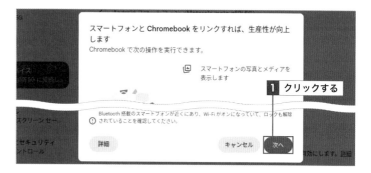

3　アクセスを許可する

接続しているスマートフォンにアクセス許可を設定する画面が表示されるので、［許可］をタップし■、「デバイスとアプリの通知」の［通知のアクセスを許可］をオンにします■。Chromebook側で「スマートフォンの通知を表示できるようになりました」画面が表示されるので［完了］をクリックします。

4　スマートフォンの写真の共有

スマートフォンハブの画面に、スマートフォンに保存されている最近の写真が表示されます。写真をクリックすると■、Chromebookの「ダウンロード」フォルダに保存されます■。

⊘ Hint スマートフォンから写真をクイック共有する

スマートフォンハブに表示されていない写真やファイルを転送する場合は、スマートフォン側でファイルを表示して共有アイコンをタップし、[クイック共有]（または[Quick Share]）をタップして、表示されているデバイスからChromebookをタップします。

📖 Memo 共有先のデバイスが表示されない場合

クイック共有で共有先のデバイスが表示されない場合は、デバイスの公開設定を確認します。Chromebookでは、P.26を参考に「設定」画面を表示し、[接続済みのデバイス]→[クイック共有]→[設定]の順にクリックします。「デバイスの公開先」を「すべての連絡先」にすると、相手から共有先のデバイスとして表示されます。ただし、知らない人から突然ファイルが送りつけられることもあるので、普段は「非表示」にしておくとよいでしょう。

---

3 インスタントテザリングでインターネットに接続する

接続したスマートフォンのモバイル通信を利用して、Chromebookをインターネットに接続するのがテザリング機能です。インスタントテザリングでは、Chromebookからの操作のみでかんたんに接続できます。

1 アクセスポイントをオンにする

P.165手順 5 の画面で[アクセスポイント]をクリックします①。しばらくすると「接続中」と表示され、スマートフォンのモバイル通信を経由してChromebookがインターネットに接続されます。

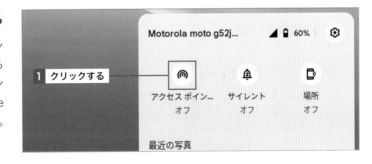

---

4 Smart Lockでロックを解除する

Chromebookにログインする際、パスワードやPINを入力してロックを解除する必要がありますが、Smart Lockによりスマートフォンが近くにあるだけでロックを解除できます。

1 Chromebookのロックを解除する

Chromebookのロック画面を表示します。スマートフォンのロックが解除された状態で[→]をクリックすると①、Chromebookにログインされ、デスクトップ画面が表示されます。

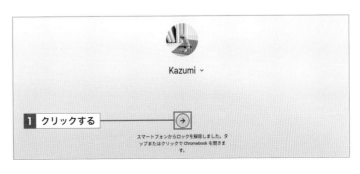

Section 67

Googleアシスタントで音声操作しよう

覚えておきたいキーワード
Googleアシスタント
音声操作
OK Google

GoogleにはGoogleアシスタントという、音声でデバイスを操作するサービスがあります。ChromebookでこのGoogleアシスタントを利用できるよう設定してみましょう。

1 Googleアシスタントが使えるよう設定する

1 「設定」画面を表示する

P.26を参考に「設定」画面を表示し、[システム環境設定]→[Googleアシスタント]の順にクリックします１。

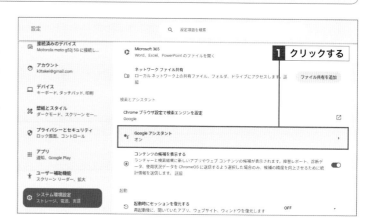

📗 **Memo** Googleアシスタントについて

比較的新しいChromebookでは、標準でGoogleアシスタントが利用できるよう設定されていますが、この機能を利用する前に、自分のChromebookの設定を確認しておきましょう。

2 Googleアシスタントをオンにする

「Googleアシスタント」がオフの場合はクリックしてオンにします１。

3 Voice Matchを利用する

手順２で「OK Google」が[オフ]の場合はクリックしてオンにすると、Voice Matchの設定画面が表示されます。[同意する]をクリックし１、画面の指示に従って、自分の声を登録します。

1 Chromebookに話しかける

Chromebookに向かって「OK Google」（オーケー、グーグル）と話しかけると、デスクトップの左にウィンドウが表示されます。初回はGoogleアシスタントについての説明や例が表示され、2回目以降は「はい、どんなご用でしょう？」と表示されるので、ここでは「明日の天気は？」と話しかけます。

⚡ Hint キーボードからGoogleアシスタントを起動

キーボードのEverythingボタン（🔍もしくは⦿）を押しながら a キーを押すことでもGoogleアシスタントを起動することができます。

✎ Memo Googleアシスタントが起動しない場合

Googleアシスタントが起動しない場合は、P.168手順 **2** で「Google」がオフになっていないか確認してください。また、「オン」でもChromebookが電源に接続されていない場合は、Googleアシスタントは起動しません。

2 Googleアシスタントが返答する

現在地の明日の天気予報が表示されます。

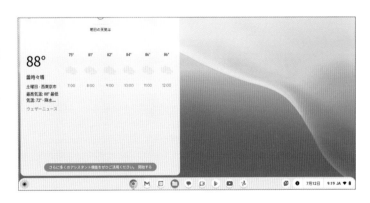

⚡ Hint Googleアシスタントの終了

Googleアシスタントを終了してウィンドウを閉じたい場合は、ウィンドウ以外の別の場所をクリックするか、 Esc キーを押します。

✎ Memo Googleアシスタントでできること

Googleアシスタントでは、そのほかにも周辺検索や経路検索を行ったり、さまざまな情報を調べたりすることができます。Google検索や標準アプリで行える機能の多くは利用可能です。そのほか、予定の登録や音楽の再生、Wi-Fiのオン／オフといった、Chromebookの操作や設定変更も行えます。手順 **1** の画面で「何ができる？」と話すかクリックすると説明が表示されるので、試してみるとよいでしょう。
なお、音声で話しかけたときは音声と文章で応え、テキストで質問したときは文章で応えてくれます。キーボードからGoogleアシスタントを起動したときは（手順 **1** のHint参照）、最初からテキストでの入力が行えます。

Section

Section

68

壁紙やスクリーンセーバーを変更しよう

Section

68

覚えておきたいキーワード

デスクトップ画面
壁紙
スクリーンセーバー

デスクトップ画面の壁紙は、ユーザーが自由に変更することができます。壁紙を変更して、自分だけのデスクトップ画面を演出してみましょう。また、スクリーンセーバーも変更できます。

1 壁紙を変更する

1 壁紙の設定画面を表示する

P.26を参考に「設定」画面を表示し、[壁紙とスタイル]をクリックし**1**、[壁紙とスタイルを設定]をクリックします**2**。

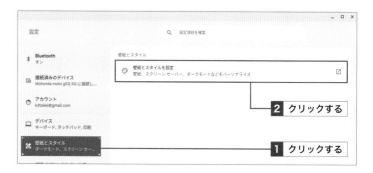

2 [壁紙]をクリックする

[壁紙]と表示されている箇所をクリックします**1**。

3 カテゴリを選択する

表示された壁紙のカテゴリの一覧から、設定したい壁紙のカテゴリをクリックします**1**。

4 壁紙を変更する

変更したい壁紙をクリックすると**1**、デスクトップ画面の壁紙が変更されます。壁紙に合わせて画面の色も変わります。

① クリックする

✎Memo 壁紙を毎日自動更新する

壁紙名の下に [毎日変更] と表示されている場合、クリックすると、カテゴリ内にある壁紙が日替わりで表示されます。

⚠ Hint 「ファイル」アプリから壁紙を変更する

「ファイル」アプリを起動し、壁紙に設定したい画像ファイルを2本指でタップして、表示されるメニューから [壁紙に設定] をクリックします。これで、指定した画像ファイルが壁紙として表示されます。

2 スクリーンセーバーを設定する

1 スクリーンセーバーの設定画面を表示する

P.170手順**2**の画面で [スクリーンセーバー] をクリックし、スクリーンセーバーがオフの場合はクリックしてオンにします**1**。

① オンにする

✎Memo スクリーンセーバーとは

スクリーンセーバーとは、充電時に一定時間操作がないときに、写真とともに時刻や天気などを表示する機能です。

2 スクリーンセーバーを設定する

スクリーンセーバーの設定項目が表示されます。スクリーンセーバーを表示する時間、アニメーションの形式、表示する画像、天気の温度表示を設定します**1**。

① 設定する

✎Memo スクリーンセーバーを表示する時間

スクリーンセーバーは「充電時にスクリーンセーバーを表示する時間」で設定した時間表示され、その後スリープ状態となります。

171

Section

69

目にやさしい 画面にしよう

覚えておきたいキーワード

| 夜間モード |
| 色温度 |
| スケジュール |

Chromebookは、昼間だけでなく夜間や、蛍光灯の下で使う機会もあるでしょう。「夜間モード」にすることで、ブルーライトをカットして入眠の妨げになりにくくすることができます。

1 夜間モードを設定する

1 ディスプレイの設定画面を表示する

P.26を参考に「設定」画面を表示し、[デバイス]をクリックして**1**[ディスプレイ]をクリックします**2**。

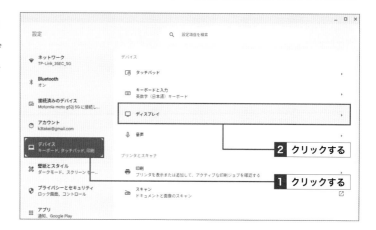

2 「夜間モード」をオンにする

「夜間モード」をクリックしてオンにすると**1**、ディスプレイの色味が変わってブルーライトが抑えられます。「色温度」のスライダーを左右にドラッグすることで**2**、色味を変えることができます。

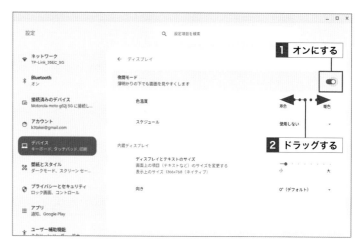

172

2 夜間モードのスケジュールを設定する

1 [カスタム]をクリックする

P.172手順**2**の画面で「スケジュール」の
[使用しない]をクリックし**1**、[カスタ
ム]をクリックします**2**。

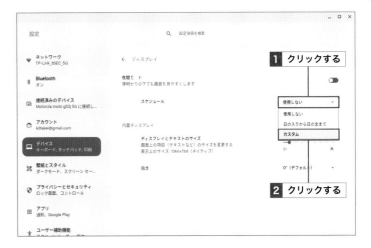

2 時間帯を設定する

スライダーを左右にドラッグして**1**、夜
間モードにしたい時間帯を設定すると、
その時間帯のみ夜間モードになります。

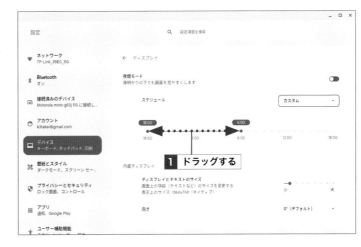

Memo 日の入りから日の出まで

手順**1**の画面で[日の入りから日の出まで]
を選択すると、文字どおり太陽が沈んだ
ときから朝日が昇るまでの時間が夜間モード
になります。

Step up 夜間モードをすばやく切り替える

夜間モードを設定していて、画面が夜間モードになってしまったものの、すぐに通常のモー
ドに戻したいときは、ステータストレイをクリックし、表示されたステータスボックス内の
[夜間モード]をクリックしてオフにします**1**。同様に、即座に夜間モードに移行したいと
きも、このアイコンをクリックすることで夜間モードに移行します。

Section 70

シェルフの位置を
変えよう／非表示にしよう

覚えておきたいキーワード

シェルフ
シェルフの位置
自動的に非表示

デスクトップ画面の一番下に表示されているシェルフは、画面の左や右に表示することもできます。また、使用しないときは自動的に非表示にすることも可能です。

1 シェルフの位置を変更する

1 シェルフを2本指でタップする

シェルフのアイコンが表示されていない箇所を2本指でタップし **1**、表示されるメニューで[シェルフの位置]をクリックして **2**、表示したい位置（ここでは[左]）をクリックします **3**。

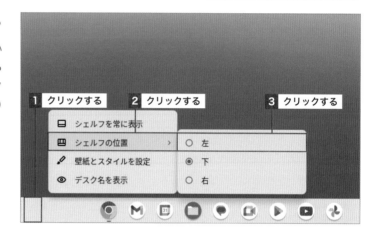

2 シェルフが左端に表示される

シェルフがデスクトップ画面の左端に表示されます。

Memo ランチャーボタンとステータストレイの位置

シェルフを移動すると、ランチャーボタンとステータストレイも合わせて移動します。

2 シェルフを非表示にする

1 シェルフを2本指でタップする

シェルフのアイコンが表示されていない
箇所を2本指でタップし**1**、表示される
メニューで［シェルフを自動的に非表示
にする］をクリックします**2**。

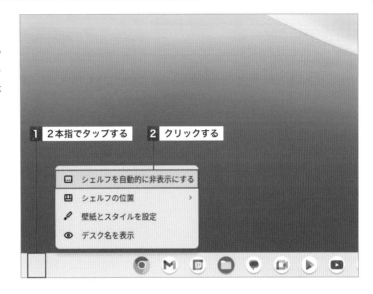

2 シェルフが非表示になる

シェルフが非表示になります。

> **Memo** シェルフが表示される条件
>
> シェルフを非表示していても、デスクトッ
> プ上にウィンドウが開いていないときは、
> シェルフは表示されます。また、アプリケー
> ションを起動していてもウィンドウを最小
> 化し、デスクトップ上にウィンドウが表示
> されていないときは、やはりシェルフは表
> 示されます。

3 シェルフを表示する

ポインタを画面下に移動するとシェルフ
が表示されます。シェルフのアイコンが
表示されていない箇所を2本指でタップ
し**1**、表示されるメニューで［シェルフ
を常に表示］をクリックすると**2**、シェ
ルフが常に表示されるようになります。

スクリーンショットを撮ろう

覚えておきたいキーワード
スクリーンショット
範囲を指定
動画を撮影

スクリーンショットとは、表示されている画面を撮影し、画像として保存したものです。スクリーンショットは、キーボード操作でかんたんに撮影することができます。

1 キーボードでスクリーンショットを撮る

1 スクリーンショットを撮る

スクリーンショットを撮りたい画面を表示し、キーボードの[Ctrl]キーを押しながら[▢]キーを押します。

───────────────

Memo [▢]キーの位置

[▢]キーはキーボード最上段の中央付近にあります。

2 スクリーンショットが撮影される

右下に「スクリーンショット撮影完了」という通知が表示されます。［編集］をクリックすると、「ギャラリー」アプリが起動してメモを追加したり、切り抜きや回転するといった編集が行えます。右上の［閉じる］✕をクリックすると、通知が消えます。

───────────────

Memo スクリーンショットの保存場所

撮影されたスクリーンショットは、「マイファイル」の「ダウンロード」フォルダに保存されます。

1　スクリーンショットを撮る

キーボードの Ctrl キーと Shift キーを
押しながら □Ⅲ キーを押すと、「キャプ
チャする領域をドラッグして選択してく
ださい」と表示され、画面下部にツール
バーが表示されます **1**。

> **Hint** タスクトレイからの操作
>
> タスクトレイをクリックし、［スクリーン
> ショット］をクリックすることでも同じ画
> 面が表示されます。

2　範囲を指定する

スクリーンショットを撮りたい範囲をド
ラッグして指定し **1**、［キャプチャ］をク
リックすると **2**、指定した範囲のスク
リーンショットが保存されます。

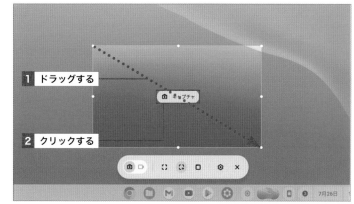

> **Memo** ウィンドウを指定してスクリーンショットを撮る
>
> 手順 **1** の画面で［ウィンドウのスクリーンショットを撮影する］ **□** をク
> リックし **1**、キャプチャしたいウィンドウをクリックすると、そのウィ
> ンドウのスクリーンショットが保存されます。前面ではなく後ろに隠れ
> たウィンドウを指定しても、隠れている部分も含めて指定したウィンド
> ウだけがキャプチャされます。

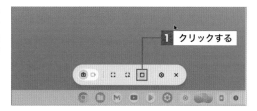

> **Step up** 操作を動画で保存する
>
> 手順 **1** の画面で［画面録画］ **□** をクリックしてスイッチを切り替え **1**、
> 範囲を指定して［動画を撮影］をクリックすると、範囲を指定した部分
> が動画で撮影されます。ステータストレイの左横にある［画面録画を停
> 止］ ⦿ をクリックすると撮影が終了し、動画が保存されます。ウィンド
> ウ内やアプリの動作などを動画で撮影して保存しておけば、操作の説明
> などに活用できます。

Section

72

PINで
ログインできるようにしよう

覚えておきたいキーワード

PIN
ロック解除
ログイン

Chromebookを利用するとき、最初に設定したパスワードを入力してログインします。ログインのたびにこのパスワードを入力するのが面倒なときは、PINでログインできるよう設定しておくと便利です。

---

1 PINを設定する

1 ディスプレイの設定画面を表示する

P.26を参考に「設定」画面を表示し、[プライバシーとセキュリティ]をクリックして1、[ロック画面とログイン]をクリックします2。

Key Word PIN

PINは「Personal Identification Number」の頭文字をとったもので、暗証番号のことです。銀行のキャッシュカードで使う暗証番号などと同じように、数字だけで構成された番号です。

2 パスワードを入力する

パスワードの入力が求められるので、ログイン時に入力するパスワードを入力して1、[確認]をクリックします2。

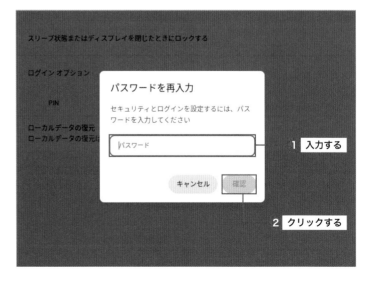

3 「PINまたはパスワード」に変更する

「ログインオプション」の「PIN」の右端に
ある[設定]をクリックします**1**。

4 PINを入力する

PINの設定画面が表示されるので、6桁以
上の数字を入力し**1**、[続行]をクリック
します**2**。確認画面が表示されるので、
設定したPINをもう一度入力して[確認]
をクリックします。これでPINが設定さ
れました。

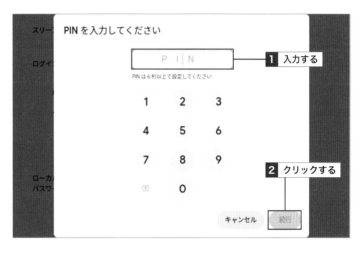

---

2 PINを入力してロックを解除する

1 PINでロックを解除する

Chromebookのスリープ解除時やロッ
ク解除時にPINの入力画面が表示される
ようになります。設定したPINを入力す
ると**1**、Chromebookが利用できるよう
になります。

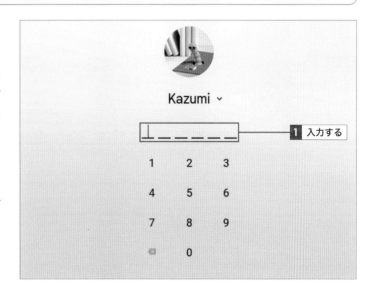

(!) **Hint** PINを忘れた場合

PINを忘れてしまった場合は、[パスワード
に切り替える]をクリックすれば、従来のパ
スワード入力画面に変わります。

📖**Memo** スリープ状態になる条件

Chromebookは電源に接続しているときは何らかの操作を行わない時間が8分経過すると、画面がオフになり、30分後にはスリープ状態になります。電源に接続していないとき、つまりバッテリーで動作しているときは、6分後に画面がオフになり、10分後にスリープ状態になります。
席を離れるときなど、強制的に画面をロックしたいときは、ステータストレイをクリックして開き、⏻→[ロック]の順にクリックすると、画面がロックされます。また、Everythingボタン（Qもしくは◉）を押しながらLキーを押すことでも画面がロックされます。

Section 73

接続するWi-Fiを変更しよう

覚えておきたいキーワード

Wi-Fi
SSID
テザリング

Chromebookを活用するためには、ネットワーク接続が必要になります。社内や自宅で利用するときはWi-Fiを利用することになりますが、Wi-Fiの接続方法や変更方法なども覚えておきましょう。

1 Wi-Fiに接続する

1 ステータストレイを表示する

ステータストレイをクリックし**1**、ステータスボックスのWi-Fiまたは［未接続］と表示されているアイコンをクリックします**2**。

2 ネットワークを選択する

接続できるネットワークが表示されるので、接続したいネットワーク名をクリックします**1**。

3 パスワードを入力する

ネットワークのパスワードを入力し**1**、［接続］をクリックします**2**。正しく接続されると、接続しているネットワーク名が手順 **1** の画面に表示されます。

2 SSIDが表示されていないWi-Fiに接続する

1 [他のWi-Fiネットワークに接続]をクリックする

SSIDが表示されていないネットワークに接続する場合は、P.180手順 2 の画面で [Wi-Fiネットワークへの接続] をクリックします**1**。

📝 **Memo** [Wi-Fiネットワークに接続] が表示されていない場合

表示されているネットワークが多く、[Wi-Fiネットワークに接続] が表示されていない場合は、スクロールすると一番下に表示されています。

2 SSIDとパスワードを入力する

「Wi-Fiネットワークへの接続」ダイアログボックスが表示されるので、接続したいWi-FiのSSIDを入力し**1**、セキュリティ方法を選択し**2**、パスワードを入力して**3**、[接続] をクリックすると**4**、Wi-Fiに接続できます。

🔧 **Step up** スマートフォンのテザリングでネットワークに接続する

外出時にChromebookをインターネットに接続したい場合、スマートフォンのテザリング機能を利用してインターネットに接続することができます。なお、テザリング機能は有料でキャリアに申し込みが必要な場合があります。
テザリングの設定方法は機種によって異なりますが、Androidスマートフォンの場合は「設定」アプリから「テザリング」「Wi-Fiテザリング」「ポータブルホットスポット」などの項目から、iPhoneの場合は「設定」アプリの「インターネット共有」から行えます。詳しくは、P.167やP.196のQ.07、各機種の説明書等も参照してください。

Section 74 アプリケーションからの 通知を止めよう

覚えておきたいキーワード
通知
通知を一時的にミュート
ブラウザの通知

Chromebookでは、メールが届いたりアプリケーションのアップデートが あったりすると、ステータストレイの上部にポップアップ通知が表示されま す。この通知がたくさん届いて煩わしい場合は、止めることもできます。

1 すべての通知を止める

1 通知の設定画面を表示する

P.26を参考に「設定」画面を表示し、[ア プリ]をクリックして**1**、[通知]をクリッ クします**2**。

2 通知を止める

「通知を一時的にミュート」のスイッチを クリックしてオンにすると**1**、すべての 通知が表示されなくなります。通知を表 示する場合は、再度クリックしてスイッ チをオフにします。

Hint ステータストレイからの通知停止

ステータストレイをクリックして[通知を 一時的にミュート]をクリックすることで もすべての通知を止めることができます。

Memo 通知表示のしくみ

通知が届くと画面右下に通知が表示され、ステータストレイの左にこれまで届いた通知の数が表示されます（通知を止めている場合 は⊖が表示されます）。この部分をクリックすると、これまでに届いた通知を確認することができます。その画面で[すべてを削除] をクリックすると、通知がすべて削除されます。

2 アプリケーションごとに通知を止める

1 アプリケーションの通知を管理する

P.182手順 2 の画面で［アプリの通知を管理する］をクリックします 1 。

2 アプリからの通知をオフにする

インストールされているアプリケーションの一覧が表示されます。スイッチがオンになっているのは通知が届くアプリケーションです。通知を止めたいアプリケーションのスイッチをクリックします 1 。

3 通知が届かなくなる

スイッチがオフになり 1 、そのアプリケーションからの通知は届かなくなります。

Memo アプリケーションからの通知設定

Androidアプリでは、アプリケーションの設定で通知のオン／オフを切り替えられるものもあります。また、Google Chromeでの通知はGoogle Chromeの設定画面から通知の設定を行う必要があります。手順 1 の画面で［Chrome ブラウザの設定］をクリックすると設定画面が表示されます。

Section

75

キーボードを
カスタマイズしよう

覚えておきたいキーワード

キーボード
カスタマイズ
ショートカット

Chromebookのキーボードの設定は、カスタマイズすることができます。Chromebookに使い慣れてきたら、キーボードの設定を確認し、合わないところはカスタマイズしてみるとよいでしょう。

---

1 キーボードの設定を変更する

1 キーボードの設定画面を表示する

P.26を参考に「設定」画面を表示し、[デバイス]をクリックして**1**、[キーボードと入力]をクリックします**2**。

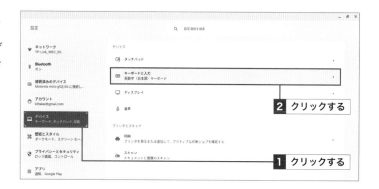

2 キーボードの設定を変更する

キーボードの設定画面が表示されます。設定できる項目は次ページの表のとおりです。

📖**Memo** 設定変更の注意点

特定のキーボードの機能を変更してカスタマイズすると、もともと設定されていたキーボードショートカットなどにも影響が出てきます。 Esc キーや Back space キーなどは、日本語入力時にも影響があるので、慎重に設定してください。

項目	内容
キーボードの最上段のキーを ファンクションキーとして使用する	キーボードの最上段のキーを $\boxed{F1}$ ～ $\boxed{F10}$ までのファンクションキーとして使用します。従来の機能を使用したい場合は、Everythingボタン（$\boxed{Q}$もしくは⊙）を押しながら該当のキーを押します。逆に、この設定を無効にしている場合は、Everythingボタンを押しながら該当のキーを押すとファンクションキーとして利用できます。
キーボードのキーをカスタマイズ	Everythingボタン、$\boxed{Ctrl}$ キー、$\boxed{Alt}$ キー、$\boxed{Esc}$ キー、$\boxed{\substack{BacK\\Space}}$ キーの割り当てを右側の項目をクリックして変更することができます。
長押ししてキーを自動で繰り返す	自動リピートオン／オフとその時間や回数の設定が変更できます。

2 キーボードショートカットを確認する

1 ［キーボードショートカットの表示］をクリックする

P.184手順 **2** の画面で［キーボードショートカットの表示］をクリックします**1**。

2 キーボードショートカットの一覧が表示される

キーボードショートカットの一覧が表示されます。左側のカテゴリをクリックすると**1**、右側にショートカットキーが表示されます。カスタマイズも行えます。

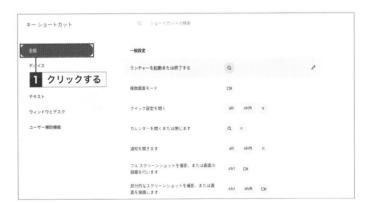

(!) **Hint** キーボードショートカットの一覧を表示するショートカットキー

キーボードショートカットはすべて覚える必要などありませんが、よく使うものだけでも覚えておくと、Chromebookの操作が大幅に便利になります。キーボードショートカットを確認する際に、毎回上記手順 **2** の画面を表示するのは面倒なので、次のショートカットキーだけでも覚えておくとよいでしょう。

Everythingボタン（$\boxed{Q}$もしくは⊙）と $\boxed{Ctrl}$ キーを押しながら$\boxed{S}$キー

必要なときにこのショートカットキーを押すだけで、手順 **2** の画面が表示されます。

タッチパッドを カスタマイズしよう

覚えておきたいキーワード
- タッチパッド
- 逆スクロール
- マウス

Chromebookでは、タッチパッドの機能もカスタマイズすることができます。また、マウスを接続している場合は、マウスの設定もカスタマイズすることが可能です。

1 タッチパッドの設定を変更する

1 タッチパッドの設定画面を表示する

P.26を参考に「設定」画面を表示し、[デバイス]をクリックして**1**、[タッチパッド]をクリックします**2**。

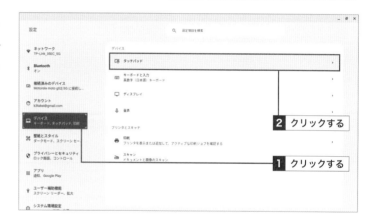

2 タッチパッドの設定を変更する

タッチパッドの設定画面が表示されます。設定できる項目は次ページの表のとおりです。とくに、使用しているパソコンと2本指スクロールの方向が逆の場合は「逆スクロール」をオンにしておくとよいでしょう**1**。

項目	内容
タップによるクリック	タッチパッドを押さずにタップすることでクリック操作が行えます。
タッチパッドとキーボードを使用して右クリックする	Everythingボタン（ Q もしくは ● ）か Alt キーを押しながらクリックすることで、右クリックメニューを表示できるようになります。
タップしてドラッグでアイテムを移動する	アイテムをダブルタップして2回目のタップで長押しし、ドラッグしてアイテムを移動します。
タッチパッド アクセラレーション	タッチパッド上でより速く動かすとポインタの移動幅が大きくなります。
タッチパッドの速度	スライダーでタッチパッドの速さを調節します。
逆スクロール	上方向にスワイプすると、ページ下部にスクロールします。

2 マウスの設定を変更する

1 マウスの設定画面を表示する

マウスを接続した状態でP.26を参考に「設定」画面を表示し、［デバイス］→［マウス］の順にクリックすると、マウスの設定画面が表示されます**1**。設定できる項目は以下の表のとおりです。

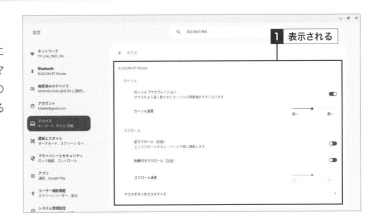

1 表示される

項目	内容
カーソル	ポインタをより速く動かすとポインタの移動幅が大きくなったり、ポインタの速さを調節したりします。
スクロール	ホイールスクロール時のスクロールの向きや速さを調整します。
マウスボタンをカスタマイズ	マウスボタンの左右を入れ替えたり、ボタンのカスタマイズを行ったりします。

Section

77

周辺機器を使おう

覚えておきたいキーワード

| 周辺機器 |
| USB |
| Bluetooth |

ChromebookにはUSBメモリやBluetoothマウスなどの周辺機器を接続して利用することができます。利用する場合は、周辺機器が自分の使用しているChromebookに対応しているかあらかじめ確認してください。

1 対応する周辺機器を確認する

Chromebookで周辺機器を使用する際、対応するUSB機器であれば接続するだけで利用できます。パソコン用の多くの周辺機器が使用できますが、実際に使えるかどうかはメーカーのWebサイトで対応状況を確認するとよいでしょう。以下は、おもな周辺機器メーカーのChromebook対応情報です。

アイ・オー・データ機器

https://www.iodata.jp/pio/device/pc/chromebook.htm

バッファロー

https://www.buffalo.jp/topics/special/detail/chromebook.html

エレコム

https://www.elecom.co.jp/category/cat_chromebook/

サンワサプライ

https://www.sanwa.co.jp/seihin_joho/chrome_book/

2 Bluetooth周辺機器を使用する

1 Bluetoothをオンにする

Bluetoothの周辺機器の場合ペアリングという操作が必要になります。P.26を参考に「設定」画面を表示し、[Bluetooth]をクリックして1、「Bluetooth」をオンにし2、[新しいデバイスとペア設定]をクリックします3。

> **Key Word Bluetooth**
>
> Bluetoothは無線通信規格の1つで、対応する機器同士を電波を使って接続します。有効範囲は約10メートル以内で、対応する機器ならどのメーカー同士でも接続できます。なお、「設定」画面にBluetoothの項目が表示されないChromebookにはBluetooth機能が搭載されていないので利用できません。

2 ペアリング画面を表示する

ペアリングの画面が表示されるので、Bluetooth機器をペアリングできる状態にします。しばらくすると、「使用可能なデバイス」にBluetooth機器が表示されるのでクリックします1。

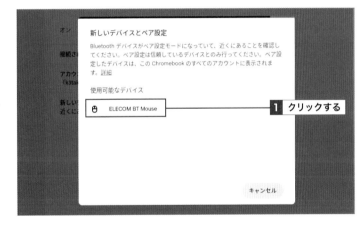

3 ペアリングが成功する

ペアリングが行われて接続されると「現在接続中のデバイス」にBluetooth機器が表示され1、利用できるようになります。

おすすめ周辺機器

Chromebookで利用すると便利な周辺機器について紹介します。

Bluetooth マウス

Chromebookに接続すると便利な周辺機器には、まずマウスがあります。タッチパッドが備わっているとはいえ、やはり細かな操作はマウスのほうがやりやすいというユーザーも多いでしょう。

最近のマウスは、多くがBluetooth接続のものになってきています。一般的な2ボタンマウスから、いくつものボタンがついた多機能マウスまで、さまざまな製品が出ていますから、自分の使い方にあったマウスを選択するとよいでしょう。

Bluetooth キーボード

キーボードにも、Bluetooth接続で利用できる製品があります。とくにテキストや文書を作成する機会が多いユーザーなら、使い慣れたキーボードを外付けで接続して利用したほうが快適になります。

また、タブレットタイプのChromebookなら、外付けキーボードを利用することでChromebookの活用範囲も広がります。

Memo マウスやキーボードを接続したときの設定変更

マウスやキーボードを接続した際、パソコンと同じように使うには設定を変更する必要があります。詳しくは、P.184〜187を参照してください。

イヤホン／ヘッドフォン

Chromebookで音楽を楽しんだり、動画を視聴したいときに便利なのがBluetooth接続のイヤホンやヘッドフォンです。マイク機能が搭載されている製品もあり、Google MeetやZoomといったビデオ会議でも役立ちます。

Chromebookにイヤホン端子が備わっていれば、有線のイヤホンやヘッドフォンを接続してもよいでしょう。ただし、無線のBluetooth規格のもののほうが自由度が高く、慣れると手放せなくなります。

外部ディスプレイ

Chromebookに外部ディスプレイを接続し、デスクトップパソコンのように利用することもできます。パソコン用の外付けディスプレイは、最近ではUSBポートに接続するものも増えています。

Chromebookに外付けディスプレイを接続すると、「設定」画面の「デバイス」に「ディスプレイ」の項目が表示されます。この項目では、ディスプレイをどのように利用するか、また表示サイズや解像度などの変更が行えます。

Step up マルチディスプレイとミラーリング

外部ディスプレイを接続した場合、2台目のマルチディスプレイとして利用する方法と、Chromebookの画面を表示する方法（ミラーリング）とがあります。ミラーリングしたいときは、「設定」画面の[デバイス]→[ディスプレイ]で「内蔵ディスプレイをミラーリング」をオンにします。ミラーリングしたときは、Chromebookの蓋を閉めて外部ディスプレイとBluetoothキーボードを接続すると、あたかもデスクトップ型パソコンのような使い方が可能になります。

プリンタ／スキャナ

Chromebookでプリンタを利用したいときは、Wi-Fi接続のプリンタまたはUSB接続のプリンタが利用できます。スキャナ機能がある複合機の場合は、書類のスキャンも可能です。

多くのプリンタがChromebookで利用できますが、Chromebookに対応しているかどうかはあらかじめプリンタメーカーの公式サイトなどで確認してください。

Memo プリンタの接続画面

プリンタとChromebookを接続すると、「設定」画面の[デバイス]→[印刷]に接続したプリンタが表示されます。プリンタを利用するときは、各アプリのファイルメニューなどでプリンタを指定し、印刷してください。また、書類のスキャンは「設定」画面の[デバイス]→[スキャン]で行えます。

USB ハブ／ドッキングステーション

Chromebookで複数のUSB周辺機器を使いたい場合、USBハブやドッキングステーションがあると便利です。ディスプレイやプリンタなどのUSB機器を接続する際は、USBを使った電源供給の規格である「USB PD」に対応した製品を使います。

USB端子の種類や接続可能なポート数は製品によって異なるので、あらかじめ確認しておきましょう。

有線 LAN アダプタ

ChromebookのUSBポート経由で有線LANに接続するアダプタです。無線LAN環境がない場合や、通信状況が安定していない場合、大量のデータをネットワークでやり取りする場合などに便利です。

接続するUSBポートやLANの速度に合わせた製品が選べます。なお、上記で紹介したUSBハブ／ドッキングステーションのなかには、有線LANポートを搭載したものもあります。

タッチペン

Chromebookのタッチパネルで絵を描いたり、手書きメモを入力したりする場合は、タッチペンがあると便利です。絵を描くだけでなく、タッチ操作やスワイプ操作なども行えます。

タッチペンにはいくつかの規格があり、USI規格に対応したものであれば4096段階の筆圧感知機能が使えますが、機種やアプリケーションによっては対応していない場合もあります。あらかじめ、メーカーのWebページで対応状況を確認してください。

第7章

Chromebook の Q&A

Q
画面

01 » 画面が自動でオフになるまでの時間を変更するには?

A 画面がオフになるまでの時間は変更できません。

一定時間操作がないときの動作の設定は、「設定」画面の[システム環境設定]→[電源]で行えます。充電時とバッテリー駆動時でそれぞれ「スリープモードにする」「画面をオフにする」「画面をオンのままにする」が選択できますが、画面がオフになるまでの時間やスリープモードになるまでの時間を設定する項目はあり

ません。充電時は何の操作も行わない時間が8分経過すると画面がオフになり、30分経過するとスリープ状態になります。バッテリー駆動の場合は、6分後に画面がオフになり、10分後にスリープ状態になります。

1 P.26を参考に「設定」画面を表示し、[システム環境設定]→[電源]をクリックします。

2 この部分をクリックして設定を変更します。

Q
画面

02 » アイコンや文字のサイズを変更するには?

A 「設定」画面の[デバイス]→[ディスプレイ]で変更します。

画面上のアイコンやフォントのサイズを変更するには、「設定」画面の[デバイス]→[ディスプレイ]で「ディスプレイとテキストのサイズ」のスライダーを左右にドラッグします。スライダーを「小」に近付ければ、画面に表示されるアイコンや文字が小さくなり、その分画面が広がります。スライダーを「大」に近付ければ、

逆に画面に表示されるものは大きくなり、画面が狭くなります。

1 P.26を参考に「設定」画面を表示し、[デバイス]→[ディスプレイ]をクリックします。

2 「表示サイズ」のスライダーを左右にドラッグします。

Q
画面

03 » Google Chromeの表示サイズを変更するには?

A ショートカットキーを使うとすばやく変更できます。

WebブラウザのGoogle Chromeの表示サイズを変更するには、ショートカットキーを使うと便利です。Ctrl キーを押しながら + キーもしくは ^ キーを押すと表示が大きくなり、Ctrl キーを押しながら - キーを押すと表示が小さくなります。Q.02の設定とは関係なく行えます。もとの大きさに戻すには、Ctrl キー

を押しながら 0 キーを押します。

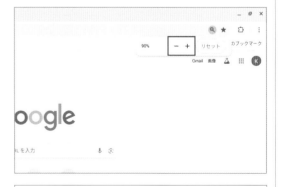

ショートカットキーを押して画面右上に表示される[+][−]をクリックして表示サイズを変更することもできます。

Q
ファイル

04 » Chromebook内のファイルを検索するには?

A ランチャーから検索する、Googleアシスタントを利用するといった方法があります。

Chromebook内のファイルを検索するには、P.31を参考にランチャーを表示し、検索ボックスに検索したいファイル名を入力します。名前の数文字を入力するだけで、候補を表示し、絞り込んでくれます。

また、P.169を参考にGoogleアシスタントを起動し、「（ファイル名）を探して」と話すだけで、目的のファ

イルを検索してくれます。

1 P.31を参考にランチャーを表示し、検索ボックスに検索したいファイル名を入力します。

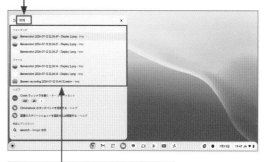

2 ファイルの候補が表示されます。

Q
ファイル

05 » ファイルやアプリケーションをオフラインで使いたい場合は?

A 対応するアプリケーションであればオフラインで利用できます。

Chromebookはインターネットに接続して利用するのが前提ですが、アプリケーションによってはオフラインで利用できる設定があり、あらかじめオンライン時に設定を有効にすると、該当するファイルがChromebook内に保存され、いつでも利用できるようになります。ここでは、GmailとGoogleドライブについて解説します。

Gmail

P.86を参考にGmailの「設定」画面を表示し、[オフライン]をクリックして[オフラインメールを有効にする]にチェックを付けます。これでオンラインでGmailを利用すると、データがダウンロードされ、オフラインでもGmailが利用できるようになります。

1 P.86を参考にGmailの「設定」画面を表示し、[オフライン]をクリックします。

2 [オフラインメールを有効にする]にチェックを付けます。

Google ドライブ

Googleドライブに保存されたGoogleドキュメントなどのファイルは、オフラインで使用することができます。あらかじめ、Googleドライブの「設定」画面で「オフライン」の項目にチェックを付けておくと、最近開いたファイルの一部は、Chromebookで自動的にオフラインで利用できるようになります。

また、特定のファイルをオフラインで利用できるようにするには、「ファイル」アプリでGoogleドライブ内のファイルを選択し、画面上の[オフラインでの利用]をオンにします。なお、ファイルの種類によってはオフラインで利用できないものもあります。

1 「ファイル」アプリでオフラインにしたいファイルをクリックします。

2 [オフラインでの利用]をオンにします。

第7章 ChromebookのQ&A

195

Q タブレットモード

06 » Chromebookをタブレットとして使うには？

A タッチパッドの代わりに画面を直接タップします。

タブレット型のChromebookは、タッチパッドの代わりにタッチスクリーンを搭載しているため、指で画面をタップして操作します。また、キーボード一体型のChromebookのなかにはタッチスクリーン搭載で、キーボードが取り外せるものやヒンジが360回転してタブレットモードで使えるものもあります。

タブレットモードでは、デスクトップ画面がありません。ランチャーの全表示画面がホーム画面となり、アイコンをタップすることでアプリケーションがフルスクリーンで起動します。

また、WebブラウザのGoogle Chromeも一部操作が変わります。タブが非表示になり、画面右上のタブの数を表すアイコンをタップすると、タブの一覧が表示されます。そこから新規タブを開いたり、タブを切り替えたりします。

タッチスクリーン固有の操作はP.29のMEMOを参照してください。そのほかのタブレットモード固有の主な操作は以下になります。

ホーム画面に移動	画面下から上方向に長くスワイプします。
シェルフを表示	画面下から上方向に短くスワイプします。
すべてのウィンドウを表示	画面下から上方向にスワイプして長押しします。
アプリケーションを切り替え	すべてのウィンドウを表示した画面でウィンドウをタップします。
アプリケーションを終了	すべてのウィンドウを表示した画面でウィンドウの[×]をタップします。
画面を分割表示	すべてのウィンドウを表示した画面でウィンドウを長押しし、左端か右端にドラッグします。
前の画面に戻る	左端から右方向にスワイプします。
スクリーンショットを撮影	電源ボタンと音量小ボタンを同時に押します。
電源を切る／ログアウト	電源ボタンを長押しして、電源を切るかログアウトするを選択します。
画面キーボードを表示	テキストボックスや検索ボックスをタップします。

Q ネットワーク

07 » スマートフォン経由でインターネットに接続するには？

A スマートフォンのテザリング機能を使用します。

外出時などにChromebookをインターネットに接続したいときは、スマートフォンのテザリング機能を使用することでインターネットに接続できます。なお、テザリング機能はキャリアによっては有料で別途申し込みが必要な場合があります。

Androidスマートフォンでインターネット共有を設定する

Androidスマートフォンの場合、「設定」アプリから[ネットワークとインターネット]→[テザリング]→[Wi-Fiアクセスポイント]（もしくは[Wi-Fiテザリング]）の順にタップし、アクセスポイント名とパスワードを確認（変更）して、Wi-Fiテザリングをオンにします。機種によってメニューの名称は一部異なるので注意してください。

iPhoneでインターネット共有を設定する

iPhoneの場合、「設定」アプリから[インターネット共有]をタップし、["Wi-Fi"のパスワード]を確認（変更）して、[ほかの人の接続を許可]をタップして有効にします。アクセスポイント名は、「設定」アプリから[一般]→[情報]→[名前]で表示されるiPhoneの名前です。自分の名前が設定されている場合があるので、変更しておくとよいでしょう。

> スマートフォン側の設定が終わったら、P.180を参考にネットワークに接続します。

08 » アカウントの画像を変更するには?

 「設定」画面の [壁紙とスタイル]で変更します。

Chromebookのログイン時に表示されるアカウント画像を変更するには、「設定」画面の [壁紙とスタイル] → [壁紙とスタイルを設定] で左上の自分のアイコンをクリックし、変更したい画像をクリックします。その際、カメラマークのアイコンをクリックしてChromebook内蔵のカメラで撮影した写真を利用

したり、フォルダマークのアイコンをクリックしてChromebookやGoogleドライブ内の画像を利用したりすることもできます。

画像をクリックすることで、アカウント画像を変更できます。

---

09 » 複数のアカウントを切り替えて使うには?

 一度ログアウトして、別のアカウントでログインします。

Chromebookは、複数のアカウントを切り替えてログインすることができます。ステータストレイをクリックして [ログアウト] をクリックすると、ログイン画面が表示されます。[ユーザーを追加] をクリックし、以降はP.17を参考にすでにあるGoogleアカウントを入力するかGoogleアカウントを新規作成すれば、ロ

グインすることができます。一度別のアカウントでログインすれば、ログイン画面でアカウントを選択できるようになります。

ログイン画面で、[ユーザーを追加]をクリックしてユーザーを追加します。

---

10 » マルチログイン機能って何?

複数のアカウントで同時にログインできる機能です。

Chromebookでは、複数のユーザーが同時にログインできるマルチログイン機能があります(機種によっては有効になっていない場合もあります)。ステータストレイをクリックし、🔌→自分のアカウント名をクリックして、[別のユーザーとしてログイン] をクリックすると、「マルチログイン」ダイアログボックスが

表示されるので [OK] をクリックして別のアカウントでログインします。以降はステータストレイからアカウントの画像をクリックすることで、パスワードを入力せずにユーザーを切り替えることができます。

複数のアカウントで同時にログインすると、アカウントをすばやく切り替えることができます。

11 » 子ども用のGoogleアカウントを作成するには?

 A Googleアカウントの作成画面で[お子様が使用]を選択します。

Googleアカウント作成時に表示される「設定の選択」画面で[お子様が使用]を選択すると、子ども用のGoogleアカウントを作成することができます。子ども用のGoogleアカウントは保護者が管理することができ、利用するアプリケーションやアクセスできるWebサイトを制限したり、Chromebookの利用可能時間を設定したりすることができます。

1 Q.09を参考にログイン画面で[ユーザーを追加]をクリックし、「設定の選択」画面で[お子様が使用]をクリックして、

2 [次へ]をクリックします。

3 [お子様のGoogleアカウント]をクリックして、

4 [次へ]をクリックします。続いて表示される画面で、[お子様のGoogleアカウントを作成する]→[次へ]→[はい、続行します]の順にクリックします。

5 子どもの名前を入力して、

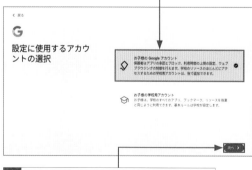

6 [次へ]をクリックします。

7 生年月日と性別を入力して、

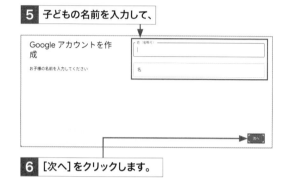

8 [次へ]をクリックします。

9 ログインするメールアドレスを選択もしくは作成して、

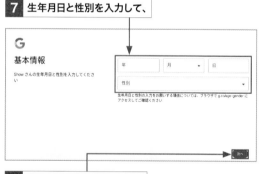

10 [次へ]をクリックします。

11 パスワードを入力して、

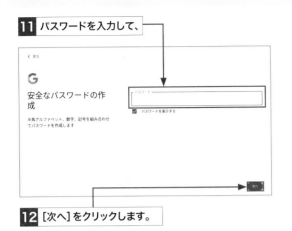

12 [次へ]をクリックします。

13 保護者のGoogleアカウントを入力して、

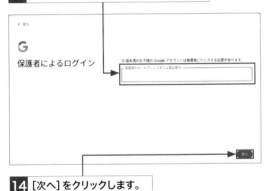

14 [次へ]をクリックします。

15 同意事項を確認し、2箇所のチェックボックスに
チェックを付け、

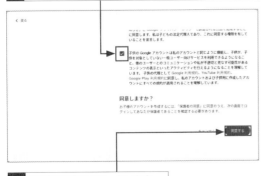

16 [同意する]をクリックします。

17 保護者のGoogleアカウントのパスワードを入力し
て、

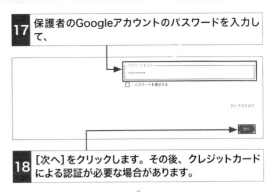

18 [次へ]をクリックします。その後、クレジットカード
による認証が必要な場合があります。

19 設定の確認を行って、[次へ]をクリックします。

20 スマートフォン用の「ファミリーリンク」アプリの説明
を確認して、[次へ]をクリックします。

21 学校用アカウントを追加するかどうかの画面が表示
されるので、不要であれば[スキップ]をクリックしま
す。以降、PINやGoogleアシスタントなどの設定
画面が表示されたら、必要に応じて設定すると、作
成したアカウントでログインされます。

Q　子ども用アカウント

12 » 子ども用のGoogleアカウントを管理するには?

A ファミリーグループを作成して子ども用のGoogleアカウントを登録します。

子ども用のGoogleアカウントは、ファミリーリンク
で管理できます。以下は、ファミリーグループを作成
して、ファミリーリンクで子どものGoogleアカウン
トを登録する操作例です。

1 保護者のアカウントでログインしたChromebook
のGoogle ChromeでGoogleのトップページを表
示し、右上のアカウントアイコンをクリックします。

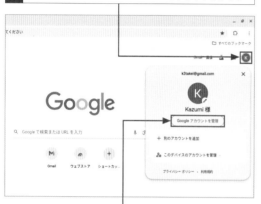

2 [Googleアカウントを管理]をクリックします。

3 [情報共有と連絡先]をクリックし、

4 [使ってみる]をクリックします。すでに設定
されている場合は、[ファミリーグループを
管理]をクリックして手順**6**に進みます。

5 [ファミリーグループを作成する]をクリックします。
その後、管理者の確認画面が表示されたら[確認]
をクリックし、ユーザーの追加画面では[スキップ]
をクリックして、[OK]をクリックします。

6 ファミリーグループが作成されるので、[ファミリー
リンク]をクリックします。

7 ログインをクリックしてログインします。

8 [お子様を追加]をクリックします。すでに子どものア
カウントが追加されている場合は、この画面からア
カウントの管理が行えます。

9 画面の指示に従って、子どものGoogleアカウントや
保護者による使用制限を設定します。設定が終わっ
たら、[完了]をクリックします。

13 » 子ども用のGoogleアカウントでアプリケーションを利用するには?

A ファミリーリンクで保護者の承認が必要です。

子ども用のGoogleアカウントでPlayストアからアプリケーションのダウンロードを行う場合、保護者の承認が必要となります。承認は、保護者のスマートフォンの「Googleファミリーリンク」アプリでも行えます。以下は、Androidスマートフォンの場合の操作例です。

1 子ども用のChromebookでPlayストアからアプリのダウンロードを行おうとすると「保護者の承認が必要」画面が表示されるので、[リクエストを送信]→[OK]をクリックします。

2 保護者のスマートフォンの「Googleファミリーリンク」アプリにリクエストが届くので、メニュー画面などから[確認]をタップします。

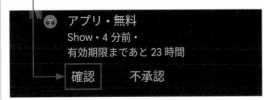

3 承認する場合は[承認]をタップします。

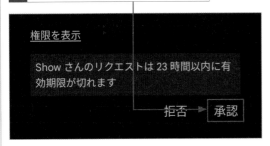

4 子ども用のChromebookでPlayストアからのダウンロードとインストールが始まります。

5 インストールが終わると、保護者のスマートフォンにも通知が届きます。

6 アプリケーションによっては、初回起動の際に保護者のパスワード入力など、保護者による承認や操作が必要なものもあります。

14 » 子ども用のGoogleアカウントの利用時間を
管理するには？

 A 「Googleファミリーリンク」アプリで利用可能な時間や時間帯を設定できます。

「Googleファミリーリンク」アプリでは、子ども用ア
カウントのChromebookやアプリごとの利用時間の上
限を設定したり、Webサイトの閲覧制限などを設定
したりすることができます。以下は、Androidスマー
トフォンの場合の操作例です。

1 保護者のスマート
フォンで「Google
ファミリーリンク」
アプリを起動し、
管理する子どもの
名前を確認して、
[管理]をタップし
ます。

2 「1日の利用時
間の上限」の
[設定]をタッ
プします。

3 1日に利用できる時
間の上限を設定し
ます。曜日ごとに
変更することもでき
ます。

4 [完了]をタップしま
す。

5 手順**2**の画面で「休
息時間」の[設定]
をタップすると、
Chromebookを
ロックして利用でき
なくなる時間帯を
設定できます。深
夜には使えないよ
う、ロックしておく
とよいでしょう。設
定したら[完了]を
タップします。

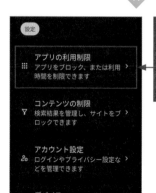

6 手順**2**の画面を
スクロールすると、そ
のほかの設定項目
が表示されます。
[アプリの利用制
限]をタップします。

7 Chromebookの
利用時間が確認で
きます。アプリケー
ションの利用を制
限したいときは、
制限したいアプリ
ケーション名をタッ
プします。

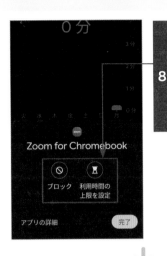

8 指定したアプリケーションの利用可能な時間を設定したり、アプリケーションの使用そのものをブロックして制限したりすることもできます。

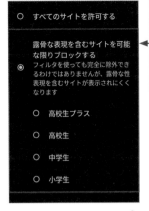

11 手順9の画面で[Google Chrome]をタップすると、子供がGoogle Chromeでインターネットを閲覧する際に、アダルトサイトなど露骨な表現を含むサイトをブロックしておくこともできます。年齢に合わせた設定も可能です。

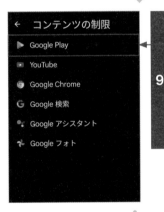

9 手順6の画面で[コンテンツの制限]をタップすると、Google ChromeやYouTube、Playストアなどの利用を細かく制限できます。ここでは[Google Play]をタップします。

12 手順6の画面で[アカウント設定]をタップすると、ログインの管理やアカウント情報の確認が行えます。

10 [承認を必要とするコンテンツ]をタップすると、アプリのインストールの制限ができます。「すべてのコンテンツ」にしておけば、無料・有料に関わらず、すべてのコンテンツに対して保護者の承認が必要となります。

13 手順6の画面で[デバイス]をタップすると、管理するChromebookの状態が確認できます。Chromebook名をタップします。

14 利用時間を確認・変更したり、Chromebookをロックして使えなくしたりすることもできます。

15 » Chromebookを なくしてしまったら?

A 別のパソコンからアカウントの ログオフをしておきましょう。

Chromebookを紛失してしまった場合、第三者に不正に使われないように別のパソコンからアカウントのログオフをしておきましょう。AndroidスマートフォンであればGoogleアカウントを利用して端末の場所を地図表示することができますが、Chromebookでは対応していません。

1 Google ChromeでGoogleのトップページを表示し、右上のアカウントアイコンをクリックします。

2 [Googleアカウントを管理]をクリックします。

3 [セキュリティ]をクリックし、

4 「お使いのデバイス」に表示されたChromebookをクリックします。

5 [ログアウト]をクリックします。

16 » アプリケーションやChromebook が起動しなくなったら?

A Chromebookを ハードリセットしましょう。

アプリケーションやChromebookの動作が不安定な場合は、Chromebookを再起動(一度電源をオフにして再度電源をオン)してみましょう。それでも改善しない場合は、以下の手順でハードリセットを行います。

❶	電源を落とした状態で、すべての外付け周辺機器を取り外します。
❷	⟳キーを押しながら、電源ボタンを長押しして電源を入れます。
❸	画面が表示されてChromebookが起動したから、⟳キーから指を離します。

リセットボタンのあるChromebookの場合は、リセットボタンを押すか長押しするなどしてChromebookを再起動します。

17 » Chromebookの自動 更新ポリシーって何?

A Chrome OSのアップデートが 受けられる期間のことです。

Chromebookでは、機種ごとにChrome OSのアップデートを受けられる期間が決まっています。これを自動更新ポリシーと呼びます。2021年以降に発売されたChromebookでは、最大10年間のOSのアップデートが可能です。詳しくは、「設定」画面の[Chrome OSについて]→[詳細]の「更新スケジュール」で確認できます。

「更新スケジュール」にChrome OSのアップデートが受けられる期限が表示されています。

Q 18 » Chrome OSを最新の状態にするには?

A 「設定」画面の [Chrome OSについて] から行います。

Chrome OSがアップデートされると通知が表示され、そこからOSのアップデートが行えますが、通知が消えてしまった場合は、以下の方法でアップデートの確認と実行が行えます。

1 P.26を参考に「設定」画面を表示し、[Chrome OSについて] をクリックし、

2 [アップデートを確認] をクリックします。

3 OSのアップデートがあれば、自動的にアップデートのデータがダウンロードされ、インストールされます。

4 Chromebookの再起動後に、手順**2**の画面で [新機能を確認する] をクリックすると、アップデートで追加された機能などが表示されます。

Q 19 » Chromebookのハードウェアの状態を知るには?

A 診断アプリで自己診断します。

「設定」画面で [Chrome OSについて] → [診断] の順にクリックすると「診断」画面が表示され、バッテリー、CPU、メモリの状態が確認できます。この画面からさらにバッテリーの放電テストやCPUテスト、メモリテストが行えます。

「診断」画面では、バッテリー、CPU、メモリの状態が確認できます。

Q 20 » Chromebookを初期化するには?

A ログアウトしてから Ctrl + Alt + Shift + R キーを押します。

Chromebookを初期化するには、以下の手順で行います。初期化前に、必要なデータはUSBメモリやGoogleドライブにバックアップしておきましょう。

❶	Chromebookをログアウトして、ログイン画面を表示します。
❷	キーボードの Ctrl キーと Alt キーと Shift キーを押しながら、R キーを押します。
❸	[再起動] をクリックします。
❹	「このChromebookをリセットします」画面が表示されるので、[Powerwash] → [次へ] をクリックします。

しばらくすると、P.16の「Chromebookへようこそ」画面に変わります。これで初期化は完了です。

索引

Index

Index

■お問い合わせについて

本書に関するご質問については、本書に記載されている内容に関するもののみとさせていただきます。本書の内容と関係のないご質問につきましては、一切お答えできませんので、あらかじめご了承ください。また、電話でのご質問は受け付けておりませんので、必ずFAXか書面にて下記までお送りください。

なお、ご質問の際には、必ず以下の項目を明記していただきますよう、お願いいたします。

1　お名前
2　返信先の住所またはFAX番号
3　書名（今すぐ使えるかんたん　Chromebook クロームブック 入門 [改訂新版]）
4　本書の該当ページ
5　ご使用の機種とOSのバージョン
6　ご質問内容

お送りいただいたご質問には、できる限り迅速にお答えできるよう努力いたしておりますが、場合によってはお答えするまでに時間がかかることがあります。また、回答の期日をご指定なさっても、ご希望にお応えできるとは限りません。あらかじめご了承くださいますよう、お願いいたします。

■お問い合わせの例

FAX

1　お名前
　　技術　太郎
2　返信先の住所またはFAX番号
　　03-XXXX-XXXX
3　書名
　　今すぐ使えるかんたん
　　Chromebook クロームブック
　　入門 [改訂新版]
4　本書の該当ページ
　　89 ページ
5　ご使用の機種とOSのバージョン
　　ASUS Chromebook Plus CX34
　　バージョン 127
6　ご質問内容
　　手順5の画面が表示されない

※ご質問の際に記載いただきました個人情報は、回答後速やかに破棄させていただきます。

今すぐ使えるかんたん　Chromebook
クロームブック　入門 [改訂新版]

2021年10月6日　初　版　第1刷発行
2024年10月5日　第2版　第1刷発行

著　者●武井　一巳
発行者●片岡　巌
発行所●株式会社　技術評論社
　　　　東京都新宿区市谷左内町 21-13
　　　　電話　03-3513-6150　販売促進部
　　　　　　　03-3513-6160　書籍編集部
本文デザイン●リンクアップ
装丁●田邉　恵里香
DTP●リンクアップ
担当●田中　秀春
製本／印刷●株式会社シナノ

定価はカバーに表示してあります。

落丁・乱丁がございましたら、弊社販売促進部までお送りください。
交換いたします。
本書の一部または全部を著作権法の定める範囲を超え、無断で複写、複製、転載、テープ化、ファイルに落とすことを禁じます。

©2024　武井　一巳

ISBN978-4-297-14363-3 C3055
Printed in Japan

■問い合わせ先

〒162-0846
東京都新宿区市谷左内町 21-13
株式会社技術評論社　書籍編集部
「今すぐ使えるかんたん　Chromebook クロームブック 入門 [改訂新版]」
質問係
FAX番号　03-3513-6167

URL：https://book.gihyo.jp/116